如何办个赚钱的土鸡家庭养殖场

◎ 管 淞 主编

中国农业科学技术出版社

图书在版编目（CIP）数据

如何办个赚钱的土鸡家庭养殖场／管淞主编. —北京：中国农业科学技术出版社，2019.2

ISBN 978-7-5116-3999-8

Ⅰ.①如… Ⅱ.①管… Ⅲ.①鸡–饲养管理②养鸡场–经营管理 Ⅳ.①S831.4

中国版本图书馆 CIP 数据核字（2018）第 289600 号

| 责任编辑 | 张国锋 |
| 责任校对 | 李向荣 |

出 版 者	中国农业科学技术出版社
	北京市中关村南大街 12 号　邮编：100081
电　　话	（010）82106636（编辑室）　（010）82109702（发行部）
	（010）82109709（读者服务部）
传　　真	（010）82106631
网　　址	http://www.castp.cn
经 销 者	各地新华书店
印 刷 者	北京富泰印刷有限责任公司
开　　本	880mm×1 230mm　1/32
印　　张	7.5
字　　数	220 千字
版　　次	2019 年 2 月第 1 版　2019 年 2 月第 1 次印刷
定　　价	29.80 元

《如何办个赚钱的土鸡家庭养殖场》
编写人员名单

主　　编　管　淞

副主编　吕仁龙　　常德雄

编写人员　孙忠慧　　李连任　　李　　童
　　　　　　　夏奎波　　闫益波　　刘子平
　　　　　　　秦久国　　秦其国　　苗纪昌
　　　　　　　侯和菊

前　言

当今，在崇尚自然、回归自然生活观念的引导下，消费者对家禽产品的需求已经由吃饱升级为吃好，由追求营养向追求口味的趋势发展。在这种背景下，快长速生型的肉鸡、现代商业高产蛋鸡所产的"洋鸡蛋"已经不能满足市场高端、个性化的需求，转而成为机关、学校、企业食堂中的大路货，而带有浓郁乡村特色、能够勾起大家童年时代美好回忆的土鸡、土鸡蛋渐渐受宠。正是因为它迎合了市场的这种需求趋势而成为质优价高的特色产品，被消费者认知与接受的程度与日俱增。

利用果园、林地、荒山荒坡等空闲地段放养土鸡，饲养空间大、养殖环境好、空气清新、光照充足、营养来源全面，放养土鸡运动量大、养殖时间长，故鸡肉品质好，鸡蛋味道鲜。但是，由于大部分的养殖户只是将少量的土鸡散养在自家房前屋后，技术管理和养殖效果得不到保证，局限性较大，土鸡产品的产量难以满足市场的需求。养殖者应根据自身能力，选择适宜的品种，采取规范的技术，适度规模放养，并按标准化生产，市场化经营才能获得好的效果。

针对当前各地土鸡生态放养蓬勃发展，对科学养殖专业知识和先进技术需求迫切的新形势，我们组织了相关人员，根据近年来从事土鸡生产实践和科研所积累的资料，精心编著了《如何办个赚钱的土鸡家庭养殖场》一书。本书从土鸡的习性和养殖模式入手，从养殖场的创办、放养品种的选择、补充饲料的配制、各阶段饲养管理、提高土鸡产品质量和常见病防控，特别是中草药控制鸡病等方面，全方位介绍了成功创办土鸡场并保证赚钱的综合技术。本书内容新颖，技术实用，操作技术规范，语言通俗易懂，非常适合大中专毕业生回乡创业时参考，适合土鸡养殖场（户）生产者阅读，也可供广大养鸡技术和管理人员、大中专院校相关专业师生参考，还可作为农广校函授及养殖培训班的辅助教材和参考用书。

由于编者水平所限，不足和纰漏在所难免，请读者在使用中批评指正。

编　者

2018 年 10 月

目　　录

第一章
了解土鸡养殖的市场前景

第一节　了解土鸡及其习性

一、土鸡的内涵

（一）土鸡的概念

土鸡，是相对"洋鸡"而言的，它又不同于优质肉鸡，更不同于普通的肉鸡和蛋鸡。

土鸡是指在传统农业生产条件下，当地长期饲养的地方鸡种，各地叫法不一样，也叫笨鸡、本鸡、土鸡、柴鸡、草鸡、土杂鸡等。除少数品种外，土杂鸡通常未经过系统的强度选育，与 AA、艾维茵、海兰、罗曼等现代商业鸡种相比，土杂鸡生产性能较低，生产方向尚未完全专门化，多数可肉蛋兼用，群体相对比较混杂，整齐度较差，商品化生产程度低，生产规模一般比较小，而且也没有完全采用工业化的生产方式。就整体而言，土杂鸡的生产效率落后于经强度选育的现代商业鸡种，其主要表现为相对繁殖率低、早期生长慢、耗料多、产蛋率低、育肥效果差。但土鸡抗病能力和环境适应能力强，特别是肉、蛋品质优良，鸡蛋皮薄味香浓，鸡肉鲜嫩味香正，加之饲养方式的绿色、生态和安全性，深受中高端消费者欢迎。土鸡鸡肉、鸡蛋市场售价明显高于普通的肉鸡和鸡蛋，而且畅销不衰。

（二）土鸡、优质鸡、普通肉鸡、普通蛋鸡的区别

优质鸡多数指优质肉鸡，具有生态型地方良种的特征、特性；体质健康，结构匀称，功能协调；鸡肉的风味、口感、营养均属正常；产蛋性能好，繁殖率低；抗逆性强，适应性好；适合传统工艺加工，并受市场青睐。

优质鸡是一个非常灵活的概念，在实践中使用比较混乱，有快速型、中速型和极优型等之分；也有人分为生态型优质鸡、精品肉鸡和极品肉鸡等。经系统选育的土鸡大量导入隐性白羽等速生肉鸡的血统，或采取与速生肉鸡配套方式生产，具有土鸡外貌，但生长较快，品质较差，一般56~63日龄体重为1 500~2 000克，即为快速型优质鸡；采取土鸡少量导入速生白羽肉鸡的血统或与含速生肉鸡血统的三黄鸡等配套，兼顾生长速度与肉质，生长速度中等，一般63~70日龄体重为1 350~1 600克，或84~90日龄体重为1 500~1 800克，即为中速型优质鸡；采取土鸡纯繁或者土杂鸡间杂交，基本上不导入速生肉鸡血统，生长速度较慢，但可保持土鸡产品的优良品质和独特风味，一般90~120日龄体重为1 200~1 500克，即为极优型优质鸡。

土鸡与普通肉鸡、蛋鸡的区别在于其"土"：土生土长，未经强度选育，一般不采取高密度全程配合饲料饲养，生产性能相对较低，但肉、蛋品质良好，适宜于中式烹制和人们的口味。造成土鸡独有品质的最主要原因有：一是土鸡的遗传基础，即构成土鸡独特品质的基因；二是土鸡的饲养方式，即以散养为主、大范围运动采食的特定养殖环境。土鸡及其产品的主要优势在于品质好、售价高；主要劣势在于生产性能低，饲料资源转化效率低，成本高。从生物遗传角度来看，品质与产量往往存在负遗传相关。优质与高产是一对矛盾，高产高效品种的产品品质通常较差，优质品种的产量和生产效率一般不高。

土鸡"土"的程度，应视市场需求和养殖效益而定。当由于土鸡优质带来的高价足以弥补由低产造成的高成本时，应选择品质较高较"土"的品种。事实上，市场需求是多层次的，极优、中速、快速等各类型均占有相当份额，关键是从品质和产量之间找到最佳结合点，以获取最佳的市场认同和养殖效益。

二、土鸡的外貌特征

对土鸡外貌特征的要求，主要来自于两个方面：一是土鸡饲养者为降低成本，提高上市价格，首先要求有好的卖相，包括土鸡的冠、羽毛、胫部及皮肤颜色等；其次是上市日龄和体重。南方如福建省以黄羽、麻羽和黑羽，130～180 日龄，体重 1.5 千克左右的土鸡最受欢迎。二是消费者的消费习惯，各地因食鸡习惯不同而有变化，有的地方喜食接近性成熟、面红冠大的麻羽、黄羽母鸡，用于白切，色、香、味俱佳；而有的地方以体重较小（1.2～1.5 千克）、日龄较大，胫细、短，胫的颜色为黄色或黑色的黄鸡或麻鸡较受欢迎，可用于清蒸、煨汤等。饲养者要针对当地市场要求选择合适的品种，以适应市场的需要。

（一）基本要求

土鸡一般要求体型大小适中，外观清秀，胸肌丰满，腿肌发达，胫短或适中，头小，颈长短适中，羽毛美观。母鸡翘尾、公鸡尾羽呈镰刀状是土鸡的典型外貌特征。一般要求饲养 130～180 天性成熟前上市。性成熟前的鸡体内贮存了大量的营养物质，如各种维生素、氨基酸、矿物质、脂肪等。这些物质可增加食用的营养、口感。研究表明，性成熟前的土鸡体内一些未知物质能有效地提高人的思维能力，具有消除疲劳、抗衰老、提高免疫力、促进儿童的大脑发育等特殊作用。因而，土鸡上市时要求性成熟达到一定的程度，面部红润、羽毛长齐。

（二）羽毛特征

土鸡羽毛要求丰满，紧贴身躯。土鸡羽色斑纹多样，不同品种差异明显，有黄色、浅黄色、麻色、浅红色、红色、黑色、芦花羽等。公鸡要求颈羽、鞍羽、尾羽发达，有金属光泽。土鸡的羽色是其天然标志，不同地方消费者对土鸡的羽色要求不同。

（三）冠形

土鸡冠形有单冠、桑葚冠、豆冠、玫瑰冠、杯状冠、角冠及毛冠等。鸡冠颜色要求红润（乌冠除外），冠大，肉髯发达，有的个体有胡须。

（四）喙、胫的特征

喙、胫的颜色主要有肉色、黄色、青色和黑色等。不同的消费者对胫色要求不同，南方市场较喜欢青色胫和黄色胫。土鸡的胫部较细，与快速型肉鸡有明显的不同，有的有胫羽。北方则喜欢黑色胫。

（五）皮肤颜色

土鸡皮肤有白色、黄色、乌色和黑色等。多数消费者喜欢黄色和黑色皮肤。

三、土鸡的生活习性

（一）早成

雏小鸡一出壳全身布满绒毛，便能独立行走和觅食，这为人工育雏提供了方便。

（二）耐寒怕热

土鸡全身布满羽毛，形成了良好的隔热层，加之每年秋季要重新换羽过冬，因此土鸡不怕冷。但土鸡没有汗腺，加之全身羽毛形成的有效保温层，散热主要依靠呼吸和排泄，因此土鸡怕热。当气温超过26.6℃时，随着气温的上升，呼吸散热更为明显；当气温超过30℃时，产蛋率下降；当气温超过36℃时，鸡会出现中暑死亡。土鸡在放养时沙浴可防止中暑。

（三）性成熟较晚

土鸡性成熟较晚，一般土鸡的开产时间为150~180日龄。土鸡的性成熟受季节影响较大，春天饲养的土鸡开产早，秋季饲养的土鸡开产晚。

（四）有就巢性、产蛋量低

就巢性也称抱性，是土鸡繁殖后代的一种本能。自然条件下土鸡通过抱窝孵化小鸡。土鸡就巢时停止产蛋，因此土鸡产蛋量低，年产蛋量一般为80~160枚。

（五）冬休性

冬休性是指鸡在光照时间缩短、气温下降、营养供应不足的自然条件下停止产蛋的一种习性。土鸡的产蛋性能受营养、温度和光照的影响较大，每年春、秋季是其产蛋率较高的时期。土鸡生产要均衡发展，就要人为地创造有利于土鸡产蛋的环境条件。

（六）食性杂

土鸡食性杂，长期放养的土鸡能采食树叶、草籽、嫩草、青菜、昆虫、蚯蚓、蝇蛆、沙砾等，也可在果园、收获后的庄稼地采食落在地上的果实和谷物。土鸡耐粗饲的能力很强，但在粗饲条件下生长缓慢。土鸡主要靠角质化的喙啄食，对食物的机械消化作用主要在肌胃内进行，鸡的嗉囊是食物的暂存场地。鸡的嗉囊与腺胃、腺胃与肌胃交接处较狭窄，易阻塞。因此，加工饲料时，要防止枯枝、铁丝、铁钉、羽毛、塑料布、编织线、棉线等不易消化的物质混入饲料，以免被鸡误食形成阻塞，而后发展为软嗉、硬嗉病。放养时，注意清理牧场异物。

（七）群居性强，易于建立条件反射

土鸡有很强的群居性，喜欢成群活动采食，特别是以 1 只公鸡为首形成的自然交配群。土鸡生长到一定的日龄，相互之间常争斗，根据个体之间争斗能力的强弱在鸡群中形成一种由强到弱排成的秩序（群体序列），群体序列利于群体的稳定。放养时，早上放出之前和晚上收圈时用哨子或口哨给鸡一个信号，然后再喂料，反复进行训练，经过 1 周后，鸡群就会建立起条件反射。晚上收圈时吹哨子或打口哨，鸡群就会回到舍内。

（八）善飞翔，活泼好动

土鸡体型小，体重轻，羽毛丰满，利于飞翔、攀高。放养条件下，活动范围广，采食面积大，觅食能力强。大规模高密度饲养条件下则会发生争斗、啄肛、啄羽。

（九）栖高习性

土鸡晚上喜欢在树枝、木杆、绳索上休息，也喜欢飞到高处，对此，饲养管理过程中应给予足够的重视，防止损坏电线、水管，或鸡只外逃。

（十）换羽

土鸡有换羽的习性。换羽分为年龄性换羽和季节性换羽。小鸡出壳后全身布满绒毛，随日龄的增加逐渐将绒羽换成正羽；7~8 周龄、

12～13周龄、18～20周龄还要进行3次不完全更换羽毛。如果在土鸡新羽刚长出、旧羽未完全脱换完毕时屠宰上市，则新羽很难拔净，留在皮肤内影响屠体美观，所以土鸡要避免换羽期上市。慢羽型的土鸡在90日龄时背部、颈部、腿部和腹部的羽毛尚未长齐，"卖相"不佳。每年的秋季和初冬，土鸡群会出现季节性换羽。换羽时土鸡停产，因此应防止季节性换羽。换羽期间应配以足够的蛋白质、维生素和含硫氨基酸，以保证羽毛正常生长所需的营养。

（十一）敏感性强，应激反应大

土鸡反应敏感，易受惊吓而逃避到树枝丛、掩护物下或扎堆，常出现刮伤、夹伤、抓伤等现象。因此，饲养土鸡的场所应避免噪声、陌生人、外来动物和转群等不良刺激，给其创造一个安静、稳定的生长环境。

第二节　土鸡生产的特点与市场前景

一、土鸡生产特点与优势

（一）土鸡生产的特点

所谓土鸡是相对引进国外鸡种（所谓洋鸡）而言。土鸡的关键在于一个"土"字，土生土长，未经强度选育，生产性能相对较低，但肉、蛋品质优良，适合现代人们的口味。土鸡生产有不同于"洋鸡"的特点，主要表现在以下方面。

1. 土鸡品种多，生产性能参差不齐

我国记录在案的土鸡品种有131个，列入畜禽遗传资源保护名录也有64个。由于我国幅员辽阔，东南西北生态环境各不相同，在这样特定的环境中才形成了各具地方特色的、生产性能差异较大的众多土鸡品种。

现代商业品种的速生肉鸡和高产蛋鸡均经过系统的强度选育，并采用配套系方式生产，生产性能很高，商品代群体比较整齐；由于采用基本相同的育种素材和选育方式，不同的商业品种间差异很小。而土鸡则不然，品种类型众多，通常未经系统的选育，并且各地的生态环境和养殖方式也不尽相同。由此，不仅不同品种间生产性能差异较大，而且群体内不同个体间生产性能也很不一致。对此，必须有充分认识，注意选择生产性能较好的品种，否则会对生产造成不利影响。

2. 群体混杂，整齐度差

因土鸡通常未经系统的选育提纯，目前又正处在开发利用的起始阶段，人们重开发、轻选育，市场上鸡的来源混杂，群体整齐度差，表现在毛色、外貌、生产性能和体重大小不够整齐，均不利于规模化饲养管理。

3. 生命力较强，但未经病原净化

一般而言，土鸡由于长期生活在管理粗放的条件下，其体质结实、适应性强、生活力高、抗病力强，这是土鸡的优点。但必须看到由于土鸡来源相对混杂，未经严格的病原净化，鸡群携带的病原多，在规模饲养下，可能面临比普通鸡更多的疫病控制困难和风险。对此一定要有清醒的认识，注重从引种、孵化、免疫接种等关键环节做好疫病控制预防工作，切不可掉以轻心。

4. 品种质量好，但需要适度饲养

土鸡品种质量好是其赖以长期存在和发展的根本原因。因此，除选择优质土鸡品种外，选择适合土鸡的饲养方式也很重要。目前，采用前期全价饲料饲养，后期较大运动范围和良好的养殖环境，相对较低的饲养密度等措施，保证了土鸡的原汁原味。

5. 需要选育和品种改良

现有的土鸡群体普遍存在的生产性能低、群体整齐度差等问题，需要采取现代育种技术加以系统选育解决。实践证明，适度提高土鸡的生长速度和产蛋量，甚至采取配套系杂交的方式，不仅不会明显降低土杂鸡的品质，而且还能显著提高其生产效率和饲养效益。

6. 采用传统养殖方法与现代技术相结合

采取传统方式养殖土鸡，固然有利于保持土鸡品质，但生产效率较低，简单照搬现代肉鸡和蛋鸡的集约化饲养管理模式，则不利于保持土鸡的特有品质和风味。由此，土鸡养殖的出路在于传统饲养与现代工艺的有机结合，一般在种鸡管理、孵化、育雏、防疫和饲料配制等环节应主要吸纳现代养鸡工艺的精华，而在优质鸡育肥、优质蛋生产等商品生产环节，则应适当采用放养等传统方式，以利于养成土鸡的独特品质。

（二）养殖土鸡的优势

1. 提高土鸡品质和经济效益

利用山林果园放养土鸡，由于环境优越，养殖时间较长（约100天以上），故其肉、蛋品质好，味道鲜美，深受消费者喜欢。据市场调查，野外放养的土鸡价格也远比其他鸡价高10~20元/千克，鸡蛋高3~10元/千克。

2. 可充分利用生物饲料资源

野外放养由于有大量的杂草和昆虫，实行生物循环养殖，有利于对生物资源的充分利用。

3. 降低饲养成本

山林果园放养土鸡，可任其自由采食杂草、捕捉各种昆虫，大大降低了饲料和添加剂、防病的成本和劳动强度。

4. 有利于果园除草、灭虫，提高粮菜水果品质

土鸡在果园寻找食物及大范围活动过程中，可挖出草根、踩死杂草、捕捉害虫，从而达到除草灭虫的作用，节约了生产成本。同时，鸡粪又是很好的有机肥料，能改善和提高粮菜水果的品质。

5. 减少环境污染

利用山林果园草场养鸡就地利用了鸡粪尿，大大减少了环境污染。

二、土鸡消费特点与养殖前景

土鸡消费情况因不同地域、不同消费习惯而有差异。单就鸡肉来讲，其消费群体与一般肉鸡也有所不同。

1. 土鸡消费市场的地域性差别

两广一带的消费者喜食黄色皮肤、黄色脂肪的三黄土鸡，特别是即将开产的小母鸡，而不喜欢吃公鸡。上海、江苏、浙江、河南、安徽、江西、湖南、四川等地的消费者喜食青脚青腿、黑脚黑腿的土鸡。我国北方大部分地区对土鸡的羽色、肤色要求不严，但喜吃公

鸡。福建省闽西长汀、上杭一带民众喜食河田鸡；闽南泉州一带民众喜食德化黑鸡；闽北建瓯、建阳一带民众喜食辰山鸡。

2. 人们对土鸡的消费习惯

土鸡的消费者喜欢在农贸市场购买鲜活鸡，这是因为鲜活鸡易于鉴别是否为真正土鸡，且土鸡鲜宰后烹饪风味佳。随着我国市场经济的发展，更多土鸡被加工成白条鸡、冰鲜鸡等半成品摆放在超市里供消费者选择购买。这种销售方式将是未来土鸡销售的主要方式。

3. 土鸡的消费群体

土鸡以其独特的风味、优良的肉质赢得了众多消费者的认可，其价格一般较高，因此土鸡的主要消费者是有一定经济实力的消费群体。他们比较注重土鸡的质量、安全性和风味，较少考虑价格。因此，土鸡生产的健康发展，依赖于生产者自觉地执行无公害养殖技术，规范市场行为，避免商品杂交肉鸡冒充土鸡等不良现象发生。

由于近年来我国经济的快速发展，人民生活水平的日益提高，人们厌倦了缺少"鸡味"的"饲料鸡""圈养鸡"等一些快大速生型鸡肉、鸡蛋的消费，出于对养生与健康的要求，对饮食质量越来越重视，土鸡产品因为无污染，少药残，野味浓，营养丰富，受到了越来越多人的青睐，价格也逐年走高。

实际上，消费者对土鸡产品的要求是很挑剔的。他们需要原汁原味的、不导入高产引进鸡种基因的纯正地方鸡种，而且要采用散养方式养殖，不喂工厂化生产的饲料，不添加任何药物和添加剂。严格意义上讲，也只有这种原汁原味的品种，加上最原始的养殖方式生产的鸡肉和鸡蛋，才可以称得上是真正的土鸡肉和土鸡蛋。

但是，生产纯种的土鸡目前时机还不成熟，因为没有经过选育的纯粹的地方鸡种，产肉率、产蛋率与生产效益不成正比。大多数土鸡下蛋不是很多，一般一年下蛋120~150枚；产肉率也不高，180天才长到1.5~2.0千克。所谓土鸡蛋好吃、土鸡肉好吃，主要还是因为这类鸡生长速度慢、生产水平低的原因。与从国外引进的专用型品种如良种肉鸡、良种蛋鸡来比较，从生产水平和经济价值上来看，土鸡是缺少优势的。虽然产品有市场，但是不能转化为规模生产的现实生产力，规模生产者没有效率的支撑，就很难生存下去。因此，生产纯种的土鸡产品，不可能形成规模效益。

因此，土鸡生产并不仅仅局限于把土鸡原种直接推向市场，而是要培育配套系，生产杂交一代土杂鸡供应市场，这才符合行业发展方向。

培育土鸡多用配套系，是针对中国市场的差异化选择和创新，可以用于专门化生产土鸡、土鸡蛋或仿土鸡、仿土鸡蛋，淘汰的种鸡还可做售价不菲的"优质型老母鸡"。这种做法的优点是：可以通过多用途和灵活的生产方式，应对变幻莫测的市场行情；以多用途的附加值，应对进口鸡种单一的、难以企及的生产性能。由于配套系含有一定的地方鸡血统，所以适应性更好，适合广大农民在房前屋后散养，能够解决农民自身动物蛋白供应的问题，也适合适度规模的散养生产。

三、影响土鸡养殖的主要因素

（一）影响土鸡养殖的主要因素

1. 鸡苗品种不合理，选择不当

在土鸡养殖的过程中，鸡苗的选择是非常重要的，但是在实际挑选鸡苗的过程中很容易受到外来因素的影响。比如大众消费观的影响，认为农村散养的土鸡才是最正宗的，所以在进行鸡苗的挑选上面，养殖户会选择到农村或是乡下去收购鸡蛋，进行孵化。但是这种挑选鸡苗的方式，不仅不能够保障孵化率，并且鸡苗的种类非常繁杂，同时孵化出的时间也会不同，导致最后的育成整齐率低。另外，在实际的土鸡养殖过程中，由于养殖户专业的知识水平比较低，经常出现将肉鸡当成蛋鸡来养殖的现象，影响了产肉率和养殖效益。

2. 防病防疫的意识薄弱

土鸡养殖存在着较大的经济效益和市场价值，导致很多的养殖户只看到了其存在的价值，而忽视了其养殖过程中所需要专业基础养殖技术，缺乏科学的养殖意识，忽视了对土鸡的病疫防范工作，或者没有科学的防疫接种措施，全凭养殖户的个人经验进行疫情防治。经常出现不进行接种疫苗或者疫苗选择错误等现象。另外，疫苗的配制不合理，不同疫苗的配制要求是不同的，有的需要放置几天，有的怕阳光的照晒，并且疫苗之间的配制比例也有不同的要求。而在现实中，养殖户完全按照个人的经验去配制，导致疫苗的使用达不到应有的免疫作用。

3. 鸡场选择不当，影响土鸡的养殖效果

在土鸡养殖当中，鸡场的选址也非常重要。科学合理的选址能够有效地促进土鸡的生长发育，提升土鸡的养殖成功率。一般来讲，荒地、树林、果园以及改置的空闲地，都可作为土鸡饲养的场址。但是在实际的养殖过程中，或者为了方便而选择了住宅区和主干道路等人口比较密集的地方，这会使鸡产生应激，降低产蛋率。

（二）提高土鸡养殖成功率的有效对策

1. 谨慎选择鸡苗，不要贪小利而失大利

在土鸡养殖的过程中，鸡苗的选择起到了关键性的作用，因此在选购鸡苗时不能因小失大，要谨慎仔细。首先，不要单独到农村散户中收购，要到专业的、有经营许可的种鸡场选购鸡苗，这样才能保证鸡苗的质量统一、品种统一和育成整齐率统一。其次，要科学合理地选择鸡苗，要到当地具有最大养殖容量的土鸡场选购鸡苗，不能简单地认为鸡苗越多越好。

2. 重视防疫和治疗工作

在土鸡养殖的过程中，疫情防治是必须重视的一环，也是必不可少的一环。首先，养殖户要转变传统的思想观念，要加强对疫情防治的重视。所以养殖户要加强对专业防治措施的学习，在进行鸡苗的疫苗接种时，要严格按照接种的配制要求进行，保证接种的成功率。其次，要注意观察土鸡的成长状况，做好平时的防疫工作，并做好科学合理的防御和治疗方案，一旦发现疫情能够及时地诊断，并进行隔离治疗，避免疫情在鸡群中蔓延，提高土鸡养殖的成活率。

3. 重视鸡舍布局，做好消毒处理，营造良好的养殖环境

鸡场的选择和鸡舍的建造对土鸡的成长具有非常重要的作用，在环境的选择和布局上一定要科学合理。首先，鸡场应选择在远离生活区和工业区，并保证水源充足、阳光照射充足和通风便利的地方。其次，要重视对鸡舍的布局安排，根据不同的设施作用划分不同的区域空间，比如土鸡休息的地方和鸡粪的处理池要分开等。最后，鸡舍内

的用具和设施等都要进行严格的消毒处理，对鸡舍内残留的粪污要及时地清理，并将其集中堆积处理，防止病原微生物的滋生繁殖，保证土鸡的正常生长发育。另外对于病死鸡要进行严格的无公害处理。

养殖土鸡能够带来比较可观的经济收益，具有较大的市场价值和发展空间。但是，选用土鸡品种不合理、防治疫病不合理等因素会导致土鸡的成活率不高，因此必须采用有效措施，控制好疫病，加强管理，提高土鸡养殖的成活率，为养殖户提高经济收益提供保障。

第三节　选择合适的土鸡养殖模式

一、土鸡养殖的基本模式

（一）散放饲养

这是鸡群放养模式中比较粗放的一种模式，是把鸡群放养到放牧场地内，在场地内鸡群可以自由走动，自主觅食。这种放养模式一般适用于饲养规模较小、放牧场地内野生饲料不丰盛且分布不均匀的条件下，适用于果园、丰产林下养殖。

（二）分区轮流放牧

这是鸡群放牧饲养中管理比较规范的一种模式。它是在放牧养鸡的区域内将放牧场地划分为 4~7 个小区，每个小区之间用尼龙网隔开，先在第一个小区放牧鸡群，2 天后转入第二个小区放养，依此类推。这种模式可以让每个放养小区的植被有一定的恢复期，能够保证鸡群经常有一定数量的野生饲料资源提供。

（三）流动放牧

这种放养鸡群的方式相对较少，它是在一定的时期内，在一个较大的场地中或不连续的多个场地中放牧鸡群。在某个区域内放牧若干天，将该区域内的野生饲料采食完后，把鸡群驱赶到相邻的另一个区域内，依次进行放牧。这种放养方式没有固定的鸡舍，而是使用帐篷作为鸡群休息的场所。每次更换放牧区域都需要把帐篷移动到新的场地并进行固定。

（四）带室外运动场的圈养

在没有放养条件的地方，发展生态养鸡可以采用带室外运动场的圈养方式。这种方式是在划定的范围内按照规划原则建造鸡舍，在鸡舍的南侧或东南侧、西南侧，划出面积为鸡舍 5 倍的场地作为该栋鸡舍的室外运动场。运动场内可以栽植各种乔木。在一些农村，有闲置的场院和废弃的土砖窑、破产的小企业等，这些地方都可以加以修整用于养鸡。

这种生态饲养方式使鸡群在白天可以有较多的时间在运动场活动、采食、进行沙土浴。鸡舍内采用网上平养或地面垫料平养方式，供鸡群夜间或不良天气在室内活动与休息。

采用这种养殖方式要考虑为鸡群提供一个舒适、干净、能够满足其生物习性的环境。鸡舍的通风、采光、保温、隔热、隔离效果要好。鸡舍内要设置栖架，能够满足鸡只栖高的习性。采用这种生态养殖模式也要考虑青绿饲料的来源，因为在养鸡过程中需要经常在场地内撒一些青绿饲料让鸡群采食。

二、生态养土鸡的经营模式与发展思路

（一）生态养鸡的概念

1. 生态学

研究生物与生物、生物与环境相互关系的科学。生物包括人、动物、植物、微生物等。

2. 生态养鸡

遵循生态学原理，汲取传统精华，运用现代技术，通过人工设计的养鸡模式，以达到经济效益、社会效益、生态效益的完美结合。高密度的林下养鸡破坏环境，不可持续，不能称为生态养鸡。

3. 生态养鸡的优势

① 符合可持续发展资源节约型、环境友好型社会建设的需要。

② 消费者满意，市场广阔。

③ 生产者满意，投资小、风险小、利润高。

4. 生态养鸡的制约因素

① 场地条件的限制。林权制度的改革为生态养鸡带来发展机遇。

② 技术还未成熟及自然条件各异，难有现成的标准、设备、厂房、模式。

（二）生态养土鸡的主要模式

1. 林地生态养殖模式

（1）林地围网养鸡模式　近年来，我国广大丘陵地区的生态环境日益改善，林地面积不断扩大。为了充分利用这些得天独厚的优势，增加农民收入，发展林下养鸡模式是一个不错的选择。这个模式既有利于提高鸡的抗病力及肉质风味，又可以增加土壤肥力，促进林木生长。

该模式操作要点如下。

① 选好林地。选择 2 年以上树龄，林冠较稀疏、冠层较高，树林荫蔽度在 70% 以下。透光和通气性能较好，且林地杂草和昆虫较丰富的树林较为理想。树林枝叶过于茂密、遮阴度大的林地透光效果不好，不利于鸡的生长。最好选择经环保监测符合无公害要求的林地，同时要求场地相对封闭，易于隔离，向阳、避风、干燥。

② 清理林地。准备养鸡的前一年冬季，要对林地进行一次全面清理，清除林地及周边一定距离内的各种石块、杂物及垃圾，再用消毒液对林地及周边进行全面喷洒消毒，尽可能地将林地病原微生物数量降到最低。

③ 划分林地。3~5 亩（1 亩 ≈ 667 米^2）林地划为一个饲养区，每区修建 1 个养鸡棚舍，将鸡放在不同的小区进行轮放。每区用尼龙网隔开，网眼大小以鸡不能钻过为准，这样既能防止老鼠、黄鼠狼等对鸡群的侵害和带入传染性病菌，有利于管理，又有利于食物链的建立。待一个小区草虫不足时再将鸡群赶到另一牧区放牧。每轮换一个区，立即对原饲养过鸡的区进行清理消毒，然后轮空 60 天以上，可有效预防疾病的发生，也有利于草地休养生息。因放牧范围小，便于在天气突变时对鸡群的管理。

④ 建好棚舍。林地养鸡舍不设运动场，能遮风避雨的简易棚舍即可，以节约养殖成本。放养棚舍面积以 10~15 只/米^2 建造，应建在林地内避风向阳、地势高燥、排水排污、交通便利的地方。地面便于清扫，不潮湿，棚内外放置一定数量的料槽和饮水器。

⑤ 围网。果园四周应采用 2 米高的塑料网进行围网，选择塑料网时以网孔越小越好，网底部和上部应固定好。在实际应用中还可以将果园分成几个区，这样既能防老鼠、黄鼠狼等对鸡群的侵害和带入传染性病菌，又方便日常管理。

⑥ 放养规模和密度。林地养鸡宜稀不宜密，每亩林地放养 50~100 只为宜，放养规模每群 1 500~2 000 只，采用全进全出制。饲养密度不可太大，以防止林地草场的退化和草虫等饵料的不足，密度过小浪费资源，生态效益低。

⑦ 放养时期。4 月初至 10 月底期间放牧，此时林地牧草茂盛，虫、蚁等昆虫繁衍旺盛，鸡群可采食到充足的生态饲料。11 月至次年 3 月则采用圈养为主、放牧为辅的饲养方式。

⑧ 按时补饲。为补充放养期饲料的不足，对放养鸡要适时补饲，早晚各补饲一次，按"早半饱、晚适量"的原则确定补饲量。

⑨ 防暴雨。每天收听天气预报，密切注意天气变化，遇到天气突变应及时唤叫收牧，以免暴雨淋击，造成损伤。

⑩ 放牧训练。放牧初期每天放牧 3~4 小时，以后逐日增加放牧时间。为使鸡群定时归巢和方便补料，应配合训练口令，如吹口哨、敲料桶等进行归牧调教。

⑪ 诱虫。夏天晚上，可在林地悬挂一些白炽灯，以吸引更多的昆虫让鸡群捕食。

⑫ 防兽害。林区养鸡，野生动物较多，对鸡伤害严重。在育雏前重点注意灭鼠，放养期一旦发现鹰、野兽的活动，马上采取驱赶措施。预防老鼠可采取鼠夹法、灌水法、养鹅驱鼠法。鹰类是益鸟，具有灭鼠捕兔的天性，不能猎杀，可采取鸣枪放炮、稻草人、人工驱赶法和网罩法等方法进行驱避。防控黄鼠狼可采取竹筒捕捉法、木箱捕捉法、夹猎法、猎狗追踪捕捉和灌水烟熏捕捉等方法。防控蛇可采取捕捉法和驱避法。

⑬ 林下种草。在植被稀疏和林下草质量较差的地方，应人工种草，可种植黑麦草、三叶草等。

⑭ 预防体内寄生虫。长期林下养鸡，鸡体内多感染寄生虫病，应每月定期驱虫 1 次。上市前 1 个月的鸡或产蛋期的鸡不能用西药驱

虫药，防止药物残留，必须驱虫时，可选用中药驱虫药。

（2）在野外建简易大棚舍养鸡模式　野外建简易大棚舍养鸡有很多好处。

① 投资少，收效快，经济效益显著。在野外建简易大棚舍养鸡，使用的材料多是本地生产的竹、木、稻草，有油毡，价格便宜，投资少。建一栋长 20~40 米、宽 6 米、高 2.8~3.1 米，面积为 120~240 米^2 的棚舍，只需投资 0.8 万~1.6 万元，平均每平方米 67 元，比用砖瓦结构的鸡舍可节省费用 10 多万元，而且一年四季可以饲养。按每栋鸡舍每批饲养土鸡或优质肉鸡 1 500~2 000 只，每只土鸡或优质肉鸡盈利 3.5 元计，出栏 1~2 批肉鸡便可收回成本。

② 鸡粪可以肥地，有利于林、果业的发展。如果每亩果园或林地年平均养鸡 500 只，饲养 114 天，可产鸡粪 2 850 千克，相当于 27 千克尿素、189.92 千克的过磷酸钙、37.85 千克的氯化钾所含的养分。施用鸡粪的果园，产果量比施用无机肥的增产 15%，且果质甜脆，不含酸味。因此，很受果农的欢迎。

③ 可以减少疾病的发生和传播。野外山坡、林果地，地势高爽干燥，空气清新，阳光充足，便于场地灭菌消毒，鸡群实行全进全出，可减少疫病的发生和传播。

④ 可以防止传染病的交叉感染，便于扑灭疫情。一个山坡、一块林地、一个果园建棚舍 2~3 栋，互相间保持 50~100 米的距离，可以防止疫病交叉感染和及时扑灭疫病，对防病、灭病有利。

⑤ 对提高三黄鸡的"三黄"及肉质肉味有利。野外山坡、林果地有广阔的运动场，阳光充足，空气清新。白天鸡群可以觅食青草、草籽及昆虫，有利于提高三黄鸡的"三黄"和肌肉的结实程度，对肉质肉味均有好处。

⑥ 野外大棚舍一年四季均可以养鸡，对发展养鸡有利。经多年的饲养实践证明，不论春夏秋冬，野外的大棚舍均可以养鸡。1 栋 1 批可养鸡 1 500~2 000 只，1 年可养 2~3 批，适合全进全出、多批次饲养的需要。

⑦ 减少对周围环境的污染。将鸡搬到野外饲养后，一是减少了鸡群所排粪便对环境的污染，二是减少鸡群噪声的污染，使村庄显

得安静清洁。

（3）林下和灌丛草地养鸡模式　在林下和灌丛草地养鸡，是利用林下和灌草丛来养土鸡的模式。这种模式与林下围网养鸡最大的区别就是鸡可以在灌草丛中自由采食，鸡的抗病力更强，肉质更加细嫩鲜美，而且可以节约饲料、免去种植牧草的环节。

（4）山地放牧养鸡模式　几年来，由于市场需求的变化，消费者越来越注重畜禽产品的品质和安全性。一些养鸡户利用空闲山地放养土鸡，销往大城市，其效益比较可观。与其他养鸡方式相比，山地放养土鸡具有明显的自身优势：一是投资少，成本低。由于放归山林，土鸡以野食（虫、草）为主，因此大大减少了饲料的投入。二是土鸡食料杂，肉质细嫩，野味浓郁，肉质鲜美，活鸡市场售价高。三是土鸡抗逆性强，适应性好。四是山地放养方法容易掌握，风险小。五是省工省时，一人可放养 1 500~2 000 只。

该模式操作要点如下。

① 场地选择。选择向阳避风、地域宽广、水源充足的坡地，以每亩饲养 20~100 只为宜，根据鸡只多少在场地四周围上简易围栏，盖上防雨遮阳棚，场地上设固定料位和饮水器等。

② 放牧时间及季节的选择。由于放牧养鸡完全是舍外饲养，外界环境对鸡只影响大，故根据当地季节宜选择在每年 4 月底开始育雏，5 月中旬发送脱温鸡，此时气温渐升，昼夜温差小，便于鸡只对外界环境变化的适应。同时该季节有大量的嫩草、树叶、昆虫等有益食物，便于鸡只采食，促进快速生长，通常饲养 100~120 天均重为1.5~1.8 千克，且此时正是草鸡销售旺季，上市价高，效益好。

③ 放牧期间疾病防治。放牧养鸡活动范围广，疾病防治难度大，为此必须按免疫程序和预防性投药来预防，平时多注意观察，必要时做好鸡痘、新城疫、法氏囊病、球虫病的预防，同时要求做好定期消毒（草木灰、生石灰等）。

④ 放牧养鸡饲喂方法。放牧养鸡实行以放牧为主、补饲为辅的饲养方式，刚接到的脱温鸡要饲用全价料过渡 1 周，以后每周早晚各供 1 次料，到第 4 周时由全价料逐步过渡到五谷杂粮。该季节放牧养鸡，鸡只能够充分采食到野生青草、树叶、昆虫等，每日早上喂七成

饱，便于鸡在放牧中采食，增加活动量，提高鸡的肉质。

⑤ 山地放牧养鸡注意事项。必须在放牧场上搭上简易的防风遮雨棚；平时多加观察和调教，严格按照免疫程序和预防性投药（特别是球虫病）；必须供给充足的饮水，并固定位置；放牧规模视场地大小而定，通常以800~1 500只为宜；防止野兽侵害鸡群，避免在喷洒农药和刚施化学肥料后进行放牧；平时多注意天气预报，发现异常应及时将鸡群赶回。

（5）农村庭院适度规模养鸡模式　目前，肉鲜味美的农村散养土鸡深受广大消费者的青睐，养土鸡或养优质肉鸡称为养鸡业的新热点。利用农村优越的自然环境（庭院和果园）、过剩的粗杂粮，改造闲置房舍，采用半开放式饲养，因地制宜地发展适度规模养鸡，正是顺应了人们这一消费转变。农村庭院小规模养鸡具有投资少（可申请政府小额扶贫贷款）、效益高、易操作、周转快的特点，规模为100~300羽/批，仅需资金2 000元左右，全年可获得2~3倍投资的效益，这一养殖技术值得在广大农村推广。

2. 果园生态养土鸡模式

果园养鸡是把鸡舍建在果园里，鸡在果园内进行舍饲与放养相联合的一种饲养模式，一般以放养抗逆性较强的土鸡为宜。雏鸡一般在鸡舍内培育、饲养，待脱温后转群到果园内放养，白天采食草、虫、沙砾等，夜间回鸡舍歇息。这种养殖模式的优点是，首先，该方法既能除掉果园杂草，又可以节省饲料，降低养殖成本。鸡有采食青草和草籽的习性，对杂草生长有一定的抑制作用。鸡平时采食果园的杂草、昆虫、蚯蚓等生物资源，满足自身营养需要，减少饲料的投喂，节省饲料开支。其次，可以培肥土壤，消灭果园害虫，减少果园肥料、农药的投资。鸡粪中含有丰富氮、磷、钾等果树生长所需要的营养物质，可为果树提供优质肥料。鸡在果园内觅食，把果园地面上和草丛中的绝大部分害虫吃掉，从而减轻害虫对果树的危害，提高果品的产量和质量。最后，能增强鸡群体质，减少疾病发生。果园中空气新鲜、水源清洁，可避免和减少鸡病的互相传染，降低死亡率。

（1）果园放养土鸡的技术要点

① 果园的选择。要选择僻静、安宁、无噪声、无污染、有自然

水源、土质为沙壤土、果树树龄 3 年以上且树形高大的果园。

② 鸡舍的建造。鸡舍应建在干燥、阳光充足、通风良好、地面平坦且离水源较近的地方，坐北朝南。一般采用砖木结构建成平房，高 3 米左右，室内地面为水泥地，以便于清洗。鸡舍周围要挖排水沟，以防洪水冲击。

③ 品种的选择。果园养鸡是以放养为主的饲养方式，所以，应选用适应性强、耐粗饲、觅食力强、抗病力好、个体偏中、肉质细嫩味美的优质地方品种。

④ 果园放养时间。以晚春至秋末为宜，其他季节因为气温变化大，果园内虫、草减少，应根据具体情况适当减少放养。

⑤ 果园养鸡规模。果园养鸡实行放牧放养，养鸡规模必须根据果园的面积及杂草生长情况合理确定，一般每亩果园养鸡 80~100 只为宜。密度过大，不利于果园日常管理，也会使鸡粪自然净化困难，造成环境污染且不能保证正常采食量；密度过小，则会降低果园土地利用率。

⑥ 补料。补饲主要以玉米、小麦、豆粕或鱼粉为主，并添加适量青绿饲料。这样可以降低养殖成本和鸡肉脂肪含量，提高鸡肉品质。

⑦ 防止鸡啄果实。由于鸡觅食力强、活动范围广、喜欢飞高栖息，啄食果实会影响水果品质，所以，在水果生长收获期，果实应采用套袋技术。

⑧ 防毒。应尽量使用低毒高效的杀菌农药，或实行限区域放养，避免鸡群农药中毒。

⑨ 勤观察。在饲养管理过程中，还要注意观察鸡群的精神状态、粪便、采食和饮水情况，发生疾病应及时投药进行防治。同时，注意防止鼠兽侵袭危害。

⑩ 鸡舍卫生、消毒和免疫。在饲养过程中应及时清除舍内粪便，排出污物，保持清洁、干净的饲养环境。定期交替使用不同类型的消毒药对用具和鸡舍进行消毒，并做好平时的带鸡消毒和饮水消毒工作，以控制病菌生长。

⑪ 定期给鸡驱虫。

（2）提高果园养鸡成活率的措施　果园养鸡在饲养管理和疾病

防治上与一般的舍饲方法有较大的不同之处。为进一步提高果园养鸡成活率，应采用以下办法。

① 选好种源。果园养鸡的品种以抗逆性强（适应性强）的土鸡为宜，不合适饲养艾维茵等快大型鸡种，鸡苗应选择健康活泼并已接种过马立克氏病疫苗的鸡雏。

② 严防中毒。果园喷过杀虫药或施用过化肥后需间隔 7 天以上才可放养，雨天可停 5 天左右。果园邻近不要有被农药污染的水源，以防中毒。放养时把鸡赶到安全的处所，以免鸡采食喷过杀虫药的果叶和被污染的青草。最好用尼龙网或竹篱笆圈定放养范围，以防鸡只到处乱窜。果园养鸡应常备解磷定、阿托品等解毒药物，以防万一。

③ 避免应激。雏鸡购入后先在鸡舍内按惯例育雏，待脱温后再转移到果园里放养。开始放养时，时间宜短、路程宜近，以后慢慢延长时间和路程。放养的最初几天，由于转群、脱温等影响，可在饲料或饮水中加入一定量的维生素 C 或复合维生素等，以防应激。

④ 严防兽害。野外养鸡要特别注意预防鼠、黄鼠狼、野狗、灌、狐狸、鹰、蛇等天敌的侵袭。鸡舍不能过于简陋，应及时堵塞墙体上的大小洞口，鸡舍门窗用铁丝网或尼龙网拦好。同时，要增强值班和巡视，谨防偷盗和兽类的侵袭。

⑤ 重视防疫。果园养鸡要重视防疫，按免疫程序做好鸡新城疫、鸡法氏囊病等主要传染病的预防接种。同时还要重视驱虫，制订合理的驱虫程序，及时驱杀体内外寄生虫。果园若要施用有机肥，尤其是应用鸡粪作为肥料时，应将有机肥充分发酵后再施到果园中，防止有机肥中的病原微生物传染鸡病。

⑥ 加强消毒。在每批鸡出栏后彻底清理鸡舍内的鸡粪，地面经清洗后用 2%～3% 的烧碱水泼洒消毒，然后熏蒸消毒。为更有效地杀灭病原微生物，应采取"全进全出"制。在一批鸡清栏后，果园场地的鸡粪采用翻土 20 厘米以上，然后地面上用生石灰或石灰乳泼洒消毒，以备下批饲养。果园养鸡 2 年后应换个场地，以便给果园场地一个自然净化的时光。

⑦ 注意察看。果园养鸡往往不是由专职饲养人员管理，加之放养时鸡到处啄虫、草，不易及时发现鸡只状况。而且，如果鸡只发生

传染性疾病，会将病原微生物扩散到全部环境中。因此，放养时要增强巡逻和察看，发现掉队、独处一隅、精神萎靡的病弱鸡，及时隔离察看和治疗。鸡只晚上回舍时要清点数量，以便及时发现问题、查明原因和采用有效办法。

⑧ 增强管理。对鸡舍应每天除粪清扫 1 次，搞好日常卫生消毒工作。放养期的抛食应遵守"早宜少、晚适量"的原则。放养宜选择在晴天无风日，严禁大雨、大风、寒冷天气放养。热天放养应早晚多放，中午在树荫下休息或赶回鸡舍，不可在烈日暴晒下长久放养，防止中暑。放养进程中要进行放养驯导，以建立起鸡只回舍的条件反射，以便在紧迫情形能使每只鸡及时回舍。

（三）主要规划设计与饲养技术

1. 规划设计

总结几年来生态养鸡的经验教训，在规划设计时必须遵循 3 点。

（1）两段式饲养（育雏期、育成产蛋期）　集中育雏 40～60 天，然后转入放牧鸡舍，大批生产时分批进雏，分群放牧，全进全出，流水作业。

一段式饲养，管理不便，成活率低；三段式饲养，增加工作量。因此，以两段式饲养为宜。

（2）低密度，大场地，可轮牧　放牧期间，每平方米鸡舍饲养15 只左右，放牧场地每亩不超过 50 只。

（3）群体规模适当　每群不超过 500 只，饲养期 300 天左右（各地习惯不同，有差异）。

总结为 553 模式，即每群不超过 500 只，每亩放牧场地不超过50 只，饲养 300 天左右为一个周期。

2. 育雏期

（1）育雏室　可利用已有房舍改造或者新建。保温好、能换气：吊顶高不超过 2 米，墙体保温；有窗，装换气扇；有光照、可隔离：可通电，与家禽饲养区、人员活动区保持一定距离；面积适当：地面育雏，30 只/米^2；四层笼，室内面积可减半。

（2）育雏笼　笼养育雏与地面育雏比较，有明显优势，好控温、用药少，可减少球虫用药；成活率高，整齐度好，鸡不接触粪便；操作方便；无应激压死等现象。

建议购买四层育雏笼（1 米²×4 层，养 150 只左右），或者自制三层育雏笼（总高 160 厘米左右，层高 40 厘米+12 厘米，用 1.5 厘米×1.5 厘米底网，前期铺报纸）。

（3）加温设施　有三相电源，电源稳定的建议使用电热风炉（12 千瓦/个，可育 1 500 只左右）。推荐使用锯末炉，但一定要用排烟管。地面育雏要搭建保温伞。

（4）其他设施　饮水器、乳头、料槽（桶）、垫料等。

（5）饲养与饲料　温度、光照、通风、防疫等与普通蛋鸡的育雏期相似。建议前 2~3 周用雏鸡颗粒全价料，此后用雏鸡粉料，并搭配切碎的青饲料，以节省精料，锻炼鸡的消化能力。防应激，尤其是在平养时。

3. 放牧期

（1）鸡舍

选址：地势高燥，排水良好，坐北朝南，便于轮牧，通水通电，舍与舍之间相距 50 米以上。

结构：推荐采用蔬菜大棚模式，宽 6 米左右，长 20~40 米，顶高 1.8 米左右，上面覆盖（从下往上）油毡、稻草（草垫、杂草等）、薄膜、尼龙绳（铁丝）。前后可以掀起、放下。夏天为凉棚，冬天可保温。室内可设栖架，地面铺垫料、黄沙，也可用发酵床。与砖瓦结构鸡舍比较，造价低，可移动。

鸟笼式鸡舍在茶园、果园可以一试。

（2）围网　蔬菜大棚模式一般不用，山地果园生态放养时可用遮阳网，价格低，可挡住鸡的视线，但易损坏，可改用金属网。

（3）供水供料　乳头、饮水器、料槽等。

（4）光照与产蛋窝　产蛋期逐步延长光照至 16 小时，采用 9 瓦左右节能灯，每平方米鸡舍 1 瓦左右，光控仪控制光照时间。在光线较暗的一面设产蛋窝 2~3 层。

（5）饲料与饲养　只喂原粮（稻谷、玉米、大小麦等）并不可取，因为预混料中并无激素、抗生素。原粮加青料不能完全满足鸡的营养需要（尤其是蛋白质），至少还应加 10%左右豆粕。

有青料供应时，在补充料中增加原粮（能量饲料），减少全价料的供应是可取的。

建议购买饲料厂生产的鸡群不同时期的全价料，也可自配饲料，即购买正规饲料厂的预混料，按表1-1配方生产。

表1-1　使用预混料生产配合饲料配方　　　　　　　　　（%）

成分	育雏期	育成期	产蛋期
玉米	65	65	64
豆粕	22	18	22
麸皮	10	14	4
石粉	—	—	7
预混料	3	3	3
合计	100	100	100

作为肉鸡饲养时，前期以放牧为主，补料占应喂量的50%左右，出栏前3周左右为催肥期，以补料为主，适当放牧。

作为蛋鸡饲养时，开产前（4月龄前）以放牧为主，补料占应喂量的50%左右，4月龄左右逐步增加精料喂量，逐步增加光照时间。

放牧是节省饲料、提高产品质量的关键。据计算，50只鸡日采食12千克左右的野食，即可节省1/2的精料。轮牧，种草效果明显。

（6）管理　养狗或养鹅防兽害；防寒、防雨雪、大风、水灾；及时处理抱窝鸡。

（四）生态养土鸡的主要经营方式

1. 自产自销型

一个家庭有50亩左右山地或者林地，除了照顾家庭、种部分地、管一些林，年养2 000只左右绿壳母鸡，产品自产自销，年收入10万元左右。

2. 示范带动型

自养产蛋鸡，并同时代农户购进鸡苗或育雏小鸡，有时还代销产品，现金结算，效益明显增加。

3. 合作社型

自养规模较大，与一些农户有长期合作关系，代养小鸡，代销产品，各自发挥自己的优势。

关键问题：内部制度的建立，包括利益分配，淡旺季产品销售价格、数量等；具备稳定的销售渠道。

4. 一条龙型

从育雏、育成、产蛋到产品销售、饲料供应全为一个企业经营。这是一条危险的道路，由于饲养场地分散，鸡群、条件和人员素质不同，很难进行有效管理，如发展过快，销售也很难跟上。

5. 兼营型

经营农家乐兼养鸡，或开餐馆兼养鸡，规模不大，但效益很好。

搞生态养鸡，心态非常重要。首先从第一种模式做起。韩国自然农业协会会长赵汉奎先生曾说：不需要太多的资本和特别的技术，只要你去体会一次，不论什么人，都能获得稳定的收益。与其为寻找发财捷径而烦恼，不如选择自然养鸡法这一阳光大道。

如果经营户有能力，可以在以后的几年间向第二、第三种模式发展，而不要幻想一步到位。

如果经营户有很大能力、较多资金、广大场地，想按第四种模式经营，则要总体规划、分步实施，从小到大，一步一个脚印做实。

（五）生态养土鸡的防疫与食品安全

育雏期由于饲养密度大，小鸡的抵抗力差，应该按照笼养蛋鸡育雏期的要求去做，做好相应的管理，预防用药、消毒及免疫。

放牧期只要达到生态养鸡的条件，基本可做到鸡群抵抗力强，免疫后抗体水平上升快，上升高，保持长，但也需注意以下疾病的预防。

1. 防新城疫

开产前打新支减灭活苗，以后每 2~3 月用新城疫苗 2~3 倍饮水 1 次。

2. 防禽流感

开产前每 2 个月，开产后每 3~4 个月注射禽流感灭活苗（H5 或 H5+H9）1 次。

3. 15~60 日龄防球虫

3 个月左右驱虫 1 次（阿维菌素加芬苯达唑拌料）。

4. 不用抗生素

如需治疗用药，用足治疗剂量和疗程（4~5 天）。

由此可以看出，生态养鸡的鸡肉与鸡蛋的药残少，甚至可以是"无抗蛋""无抗鸡"，食品不仅安全，而且绿色，甚至可达到有机食品的标准。

三、土鸡生态放养模式例析

（一）林下养殖模式

1. 模式概述

林下生态养鸡是将传统方法和现代技术相结合，根据各地区的特点，利用荒地、林地、草原、果园、农闲地等进行规模养鸡，实施放养与舍饲相结合的养鸡方法，让鸡自由觅食昆虫野草，饮山泉露水，补喂五谷杂粮，严格限制化学药品和饲料添加剂等的使用，以提高蛋、肉风味和品质，生产出符合绿色食品标准要求的一项生产技术。它对林地实施种养业立体开发，减少林地害虫、抑制杂草丛生、培肥土壤，提高果园、林地单位面积的收入，解决农村部分剩余劳动力的就业问题，促进农民增收等方面具有积极的促进作用。实施林地生态养鸡投入少，生产周期短，成本低，效益高，适合广大农村，尤其是居住在丘岭、山地的农户采用。

2. 场地选择

（1）基本原则　果园林地的选择对于养好鸡有着十分重要的作用。一般林地以中成林，最好选择林冠较稀疏、冠层较高，树林荫蔽度在 70%左右，透光和通气性能较好，且林地杂草和昆虫较丰富的成林较为理想。树林枝叶过于茂密，遮阴度大的林地，以及苹果、桃、梨等鲜果林地不宜用于养鸡。树林枝叶过于茂密，遮阴度大的林地则透光效果不好，不利用鸡的生长。苹果、桃、梨等鲜果林地在挂果期会有部分果子自然落果后腐烂，鸡吃后易引起中毒。所选场地应当符合无公害生产标准，土壤土质、空气、水源无公害污染。所选场地要有长远规划，粪便、污水、废弃物等应及时处理，不得污染和破坏周围生态环境。

（2）场地条件　放养林地要选择交通便利，地势高燥，排水良好，通风向阳，树木、藤木龄 2 年以上为宜，土质以沙土为好。鸡场必须要有安全可靠、充足的水源，不含病原体，无污染。要有搭建棚舍的地形条件，并对园地适当轮作草本类作物，供鸡食用。

（3）鸡舍的修建　鸡场鸡舍，必须具备以下 4 个条件。

能通风换气；便于清扫、消毒；育雏舍能保温隔热、遮风挡雨；鸡舍位置要求地势较高，不积水，空气、水源无污染。

（4）养鸡设备和用具　增温设备，如电热伞、电热板、煤炉等；食盘和食槽；饮水设备，常用的是塔式自动饮水机；育雏鸡笼、栖架等。

3. 搭建鸡舍

鸡舍应建在林地内避风向阳、地势高燥、排水排污条件好、交通便利的地方。鸡舍建筑面积按 8~10 只/米^2 计算。鸡舍间距为 30~50 米。种鸡舍与运动场面积比例以 1：2 为宜，最多不能超过 1：3。棚舍内外放置一定数量的料槽、饮水器。鸡舍场地使用 5~6 批后应转换到新场地，有利防疫及减少疫病发生。鸡舍要建在高大的乔木树下、果树林中或林地边，坐北朝南，放牧场面向果林、树林。鸡舍采用塑料大棚，棚宽 6 米，长度视养鸡数量而定。大棚顶内层铺无滴塑料膜，其上铺一层 5~10 厘米厚稻草，形成保温隔热层，在草上再用塑料膜覆盖，并用尼龙绳系牢固定。塑料大棚纵轴的两侧下沿可卷起或放下，以调节室温和通风换气。棚舍内垫沙或短稻草，舍内每平方米养鸡 6~8 只。为了有利于防病，在同一地点养几批鸡后，可转移地方再建。在同一地点养几群鸡时，鸡舍之间应相互远离，不要搞"养鸡小区"，以防因鸡群密度过大破坏放牧场植被、引起疫病传播，或因不慎造成"火烧连营"。

4. 品种选择

品种选择应根据市场消费热点，选择体形中等，符合消费者需求为宜。四川山地乌骨鸡群体外形特征一致，整齐度高。具有乌皮、乌骨、乌肉的特点，内脏及系膜、脏膜和血均呈现不同程度乌色。羽毛为片羽，以黑羽为主，占 60%以上，白羽最少，约占 6%，其余为麻（杂）羽。6 月龄种公鸡平均体重 2.14 千克，种母鸡平均体重 1.82 千克，年产蛋量 120~140 个；商品鸡 120 日龄公母平均体重 1.65 千克。该鸡种肉质鲜美、风味独特、营养价值高、具有药用价值，深受消费者喜爱，市场前景十分广阔。

5. 进雏时机

初养鸡者，进鸡可选在气温较暖和的春季，取得经验后一年四季均可进雏养鸡。在引种时，应当从较正规的大型种鸡场引进，种鸡场应有生产许可证、营业执照、组织机构代码证等相关合法资质。林地养鸡要根据鸡群对围林野养的适应性和市场需求来选好鸡的品种。若肉蛋两用鸡可选年产蛋 130~200 个、耐粗饲、活动范围广、觅食力强、抗病力好、个体中偏小、肉质细嫩味美的地方土鸡适宜；若以肉用为主，宜选个体中偏大的土鸡或土杂鸡较为宜。快大型鸡不适宜林地养殖。

6. 饲养管理

林地养鸡要注意放养密度、规模、放牧时期及管理。放养密度应按宜稀不宜密的原则，一般每亩林地放养 150~250 只。密度过大会因草虫等饲料不足而增加精料饲喂量，影响鸡肉和蛋的口味；密度过小则浪费资源，生态效益低。放养规模一般以每群 1 500~2 000 只为宜，采用全进全出制。放养时期要根据林地饲料资源和鸡的日龄综合确定放养时期，一般雏鸡购回后，第一个月按常规方式进行育雏，待脱温后再进入林地放牧饲养。放养的最佳时期选择 4 月初至 10 月底放牧，这期间林地杂草丛生，虫、蚁等昆虫繁衍旺盛，鸡群可采食到充足的生态饲料。其他月份则采取舍饲为主、放牧为辅的饲养方式。放牧时间视季节、气候而定。通常 30 日龄以上的雏鸡，夏天上午 9 时至下午 5 时前为放牧时间。冬天上午 10 时至下午 4 时为适度放牧。并按"早半饱、晚适量"的原则确定补饲量。即上午放牧前不宜喂饱，放牧时鸡只通过觅食小草、虫、蚁、蚯蚓、昆虫等补充。夏季晚上，可在林地悬挂一些白炽灯，以吸引更多的昆虫让鸡群捕食。补饲精料的参考配方为：玉米 58%、麦麸 10%、豆粕 20%、骨粉 2.5%、鱼粉 6.2%、食盐 0.3%、预混料 3%。同时，有条件的林地要根据鸡的不同大小，划定养殖区域，进行分区轮牧，既使鸡得到充足的天然食物，又可有效地保护林地内的资源，使林地得到可持续利用。

在放养期间，要注意每天收听天气预报，密切注意天气变化。遇到天气突变应及时将鸡群赶回鸡舍，防止鸡受寒发病。为使鸡群定时归巢和方便补料，应配合训练口令，如吹口哨、敲料桶等进行归牧调教。在果树喷药防治病虫害时，应先驱赶鸡群到安全地方避开。若是遇到大雨，可避开 2~3 天，若是晴天，要适当延长 1~2 天，以防鸡只食入喷过农药的树叶、青草等中毒。未分区轮牧的鸡群出栏后，应对果园进行清理，空闲一段时间再养。

7. 病害防控

林地养鸡的环境是开放性的，易受染疫、野禽等侵害，做好科学免疫、驱虫、消毒和鼠害防控工作尤其重要。一般林地养鸡对 1 日龄的鸡要皮下注射马立克疫苗，4 日龄传支 H120 苗滴鼻，8 日龄和 30 日龄新城疫Ⅳ系苗滴鼻，12 日龄和 25 日龄法氏囊苗滴鼻，35 日龄鸡痘苗皮下刺种，50 日龄传支 H52 苗 2 倍量饮水，60 日龄新城疫Ⅰ系苗肌内注射，90 日龄鸡大肠杆菌苗肌内注射，留做产蛋的鸡群在 120 日龄时，还要肌内注射新城疫、传染性支气管炎、产蛋下降综合征三联灭活苗。鸡群每隔 1~1.5 个月用左旋咪唑或丙硫咪唑驱虫 1 次。驱虫方法可在晚上把药片研成粉，先用少量饲料拌匀，然后再与全部饲料拌匀进行喂饲。第 2 天早晨要检查鸡粪，看是否有虫体排出。如发现鸡粪里有成虫，次日晚上补饲时可以同等药量驱虫 1 次。鸡舍每周清扫 1 次，转换轮牧区时，彻底清除上一牧区的鸡粪，并用抗毒威喷洒或石灰乳泼洒消毒。鸡舍每 2 周带鸡消毒 1 次。同时，要在养鸡的林地内养猫，防止老鼠的侵袭。饲养员每天注意观察鸡群的状况，详细记录鸡群的采食、饮水、精神、粪便、睡态等状况。发现病鸡应及时隔离和治疗，对受威胁的鸡群进行预防性投服药物。

8. 管理要点

（1）雏鸡保温　雏鸡第 1 周龄温度要求 32℃，以后每周下降 2~3℃。

（2）饲养规模　以每群 1 000 只左右为宜，放牧场地大则可扩大群体。

（3）适时免疫　一般应接种鸡马立克、新城疫、法氏囊疫苗，饲养期较长的产蛋鸡，还应接种鸡传染性支气管炎疫苗，夏秋季还应接种鸡痘。雏鸡阶段应在饲料中加入防白痢和抗球虫药物。

（4）饲喂方法　以放牧加补料最佳。40 天以内雏鸡以舍饲喂给全价配合料，此后可白天放牧，晚上补料，并让鸡吃饱。放牧鸡群时应防止农药中毒、暴雨淋、兽害。进入产蛋期后，每天自然光加上人工补充光照时间不少于 16~17 小时。

（5）产品上市　鲜蛋产出后，应贮放于凉爽地方，并尽早出售。否则鲜蛋会随着贮放时间延长而品质下降。优质活鸡上市可根据市场对鸡的体重、发育程度和行情适时出售。

9. 发展前景

林地养鸡能充分利用当地资源，生产绿色食品，通过逐步推广，扩大规模，发展特色养鸡，形成特色品牌，增加养殖户经济收入，推动农村经济发展。

（二）山地放养模式

山地养鸡的特点是放牧，在品种选择上应当选择适宜放牧、抗病力强的土鸡或土杂鸡为宜。它们耐粗饲，抗病力强，虽然生长速度较慢，饲料报酬低，但肉质鲜美，价格高，利润大，应作为山地饲养的首选品种。

1. 场地选择

山地养鸡的场地选择应遵循如下几项原则。

① 既有利于防疫，又要交通方便。

② 场地宜选在高朗、干爽、排水良好的地方。

③ 场地内要有遮阴设备，以防暴晒中暑或淋雨感冒。

④ 场地要有水源和电源，并且圈得住，以防走失和带进病菌。避风向阳，地势较平坦、不积水的草坡。其中最好有树木，以便鸡到树下乘凉。

2. 搭建鸡舍

鸡舍设计的要求是：通风、干爽、冬暖、夏凉，坐北向南。一般棚宽 4~5 米，长 7~9 米，中间高度 1.7~1.8 米，两侧高 0.8~0.9 米。通常用由内向外油毡、稻草、薄膜 3 层盖顶，以防水保温。在棚顶的两侧及一头用沙土砖石把薄膜油毡压住，另一头开一个出入口，以利饲养人员及鸡群出入。棚的主要支架用铁丝分 4 个方向拉牢，以防暴风雨把大棚吹翻。

3. 清棚消毒

每一批鸡出栏以后，应对鸡棚进行彻底清扫，更换地面表层土，清洗工具。对棚内地面及用具先用3%~5%的来苏儿水溶液进行喷雾浸泡消毒，然后再进行熏蒸消毒，每立方米空间用25毫升福尔马林加12.5克高锰酸钾。原饲养过鸡的草山草坡，也应先在地面上撒一层石灰，然后进行喷洒消毒。最好是利用无污染的草山草坡建新棚。为了保暖需铺些垫料。垫料要求新鲜无污物，一般采用松软、干燥、吸水性强的锯末子、小刨花、稻草、谷壳等，可以混合使用。使用前应将垫料暴晒，挑出发霉垫草，厚度以3~5厘米为宜。

4. 饲料选择

一般来说，优质土鸡的生长速度较慢，对饲料营养水平的要求比较低，但也不能只喂单一饲料，以免造成营养缺乏，影响生长发育，降低成活率。应当选择优质土鸡系列全价颗粒料或混合饲料。另外，可以用山地种植的南瓜、番薯、木薯等杂粮代替部分混合料。

5. 饲养管理

(1) 雏鸡饲养管理 雏鸡的生长发育特点是体温调节能力差、生长速度快、消化机能不完善、抗病能力差、敏感性强、喜群居、胆小。因此，在饲养管理上要抓好如下几点工作。

① 饮水与开食。雏鸡进入育雏室后，休息半小时至1小时，便可以喂水。一般喂水先于料。水温以32℃左右为宜，不可饮冷水。头2天可饮用稀浓度的高锰酸钾溶液，有利于消炎、杀菌，预防雏鸡白痢。雏鸡饮水后，能迅速排出胎粪刺激食欲。一般开饮后可开食。把饲料撒于铺在垫料上的浅颜色的塑料布上，让雏鸡自由采食。雏鸡的消化力差，必须喂给容易消化、营养全面的饲料。雏鸡出壳2天后，食欲旺盛。喂料时要定时定量，一般以喂八成饱为宜。过饱会引起消化不良；不足时会影响雏鸡生长发育，甚至会引起啄食恶癖。每次喂料量以15~20分钟吃完为宜。

② 环境温度与湿度。育雏的关键是给予雏鸡适宜的温度。以育雏器下的温度为例：1~2日龄时是34~35℃；3~7日龄是32~34℃；第2周为28~30℃；第3周为26~28℃。育雏在冬春季每周下降2℃，夏秋季每周小降3℃，降至21℃为止。雏鸡对湿度的要求，第1周相

对湿度在 70%~75%，第 2 周下降到 60%，第 3 周以后尽量保持在 55%~60%的水平上。湿度过大、有利于病原微生物的繁殖，容易诱发球虫病。湿度过小、干燥会使雏鸡呼吸加快，体内的水分随呼吸而大量散发，腹内剩余蛋黄吸收不良，影响雏鸡的发育。

③ 注意分群，加强巡查。强弱雏鸡和病雏要分群饲养，检查弱雏最好在早晨第 1 次喂食的时候，弱雏易被挤出来。对患病较重的雏鸡应立即淘汰。经常巡查鸡群，其意义有 3 点：一是通过观察了解饲料的适口性和投喂量；二是能及时从雏鸡的饮食、活动、粪便状况中发现和诊治疾病；三是及时发现意外情况，及时处理，减少损失。

（2）生长鸡饲养管理　生长期的鸡生长速度快，食欲旺盛，采食量不断增加。饲养目的是使鸡得到充分的发育，为后期的育肥打下基础。饲养方式是放牧结合补饲。一般应注意以下两点。

① 公母鸡分群饲养。一般鸡羽毛长得较慢，争斗性强，对蛋白质及其中的赖氨酸等物质利用率较高，饲料效率高。母鸡由于内分泌激素方面的差异，增重慢，饲料效率差。公母分养有利于提高整齐度。生长期采用定时补饲，把饲料放在料槽内或直接撒在地上，早晚各 1 次，吃完为止。

② 驱虫。一般放牧 20~30 天后，就要进行第 1 次驱虫，相隔 20~30 天再进行第 2 次驱虫。主要是驱除体内寄生虫，如蛔虫、绦虫等。可使用驱虫灵、左旋咪唑或丙硫苯咪唑。第 1 次驱虫，每只鸡用驱蛔灵半片。第 2 次驱虫，每只鸡用驱蛔灵 1 片。可在晚上直接口服或把药片磨成粉，再与饲料拌匀进行喂饲。一定要仔细将药物与饲料拌得均匀，否则容易产生药物中毒。第 2 天早上要检查鸡粪，看是否有虫体排出。并要把鸡粪清除干净，以防鸡只食虫体。如发现鸡粪里有成虫，次日晚上可以同等药量驱虫 1 次。

（3）育肥鸡饲养管理　即 10 周龄至上市的时期。此期的饲养要点是促进鸡体内脂肪的沉积，增加肉鸡的肥度，改善肉质和羽毛的光滑度，做到适时上市。在饲养管理上应注意以下 3 点。

① 随着肉鸡的日龄增长，体内增长的主要组织与中鸡阶段有很大差别。肉鸡沉积适度的脂肪可改善鸡的肉质，提高胴体外观的美感。此期一般应提高日粮的代谢能，相对降低蛋白质含量，肉鸡育肥

期的能量一般要求达到每千克 12.54 兆焦，粗蛋白在 15%左右即可。为了达到这个水平，往往需增加动物性脂肪。

② 育肥期采用放牧育肥的，一方面可以让鸡采食大自然的昆虫及树叶、杂草等节约饲料；另一方面，提高鸡的肉质风味，使上市鸡的外观和肉质更好。在进入育肥期，应减少鸡的活动范围和运动，以利于育肥。

③ 搞好防疫，重视杀虫、灭鼠和清洁消毒工作，以预防疾病发生。

合理规划建造一个科学的土鸡养殖场

第一节　土鸡场的建场原则

一、隔离防疫原则

鸡病是影响鸡场效益的关键因素。土鸡场的环境及附近的隔离卫生和防疫条件的好坏，对鸡病的发生和传播有重大的影响，要减少或避免鸡病的发生，在鸡场建设时必须遵循隔离防疫原则。对拟建场地要进行详细的调查，了解历史疫情和污染状况；场地要远离污染源，有良好的隔离条件；对场地要进行合理的规划布局，配备应有的隔离防疫设施，并能正常运行。

二、生态原则

土鸡养殖场场址的土壤土质、水源水质、空气、周围建筑环境符合生产标准要求，避免受到重工业、化工工业等工厂的污染；选择场址时还应考虑粪便、污水等废弃物的处理和利用条件，如周围有大片农田、林地等，可以消化大量的废弃物，避免对鸡场环境和周边环境造成污染而影响长远发展；鸡场要设置不同的排水系统，对鸡舍的污水要进行处理；设置专用粪场，并做必要处理。

三、经济实用原则

建设土鸡养殖场要尽量地节约土地。土地资源日益紧缺，场地（如土鸡种鸡场或孵化场）最好选择荒坡林地、丘陵或贫瘠的边次土地，少占或不占农田。鸡舍设计和建筑要科学、实用，在保证正常生产的前提下尽量减少固定资产投入。

第二节　场址的选择与建设

土鸡生态养殖，要抓住原始、生态、无污染环节，实行自由放养，让鸡群觅食昆虫、嫩草、树叶、籽实和腐殖质等自然饲料为主，人工科学补料为辅，严格限制化学药品和饲料添加剂的使用，禁用任何激素和人工合成促生长剂，通过良好的饲养环境、科学饲养管理和卫生保健措施，最大限度地满足鸡群的营养、生理和心理需要，提高鸡群本身的免疫力，使肉、蛋产品达到无公害食品乃至绿色食品的标准。因此，在场址选择与建设上，与普通鸡的要求有所差别。

一、放养场地的选择

建造一个鸡场，首先要考虑选址问题，而选址又必须根据鸡场的饲养规模和饲养性质（饲养商品土种肉鸡、商品土蛋鸡还是种用土鸡等）而定，场地选择是否得当，关系到卫生防疫、鸡只的生长以及饲养人员的工作效率，关系到养土鸡的成败和效益。

场地选择要考虑综合性因素，如面积、地势、土壤、朝向、交通、水源、电源、防疫条件、自然灾害及经济环境等，一般场地选择要遵循如下几项原则。

1. 有利于防疫

养鸡场地不宜选择在人口稠密的居民住宅区或工厂集中地、交通来往频繁的地区以及畜禽贸易场所附近；宜选择在较偏远而车辆又能到达的地方，这些地区不易受疫病传染，有利于防疫。

2. 场地宜在高燥、干爽、排水良好的地方

如在平原地带，要选地势高燥、稍向南或东南倾斜的地方；如在山地丘陵地区，则宜选择南坡，倾斜度在20°以下。这样的地方便于排水和接纳阳光，冬暖夏凉。场地内最好有鱼塘，以利排污，并进行废物利用，综合经营。

3. 场地内要有遮阴

场地内宜有翠竹、绿树遮阴及草地，以利于鸡只活动。

4. 场地要有水源和电源

鸡场需要用水和用电，故必须要有水源和电源。水源最好为自来水，如无自来水，则要选在地下水资源丰富、适合于打井的地方，而且水质要符合卫生要求。

5. 场地范围内要圈得住

场地内要独立自成封闭体系（用竹子或用砖砌围墙围住），以防止外人随便进入，也防止外界畜禽、野兽随便进入。

此外，还必须遵循以下原则：远离城镇、交通主干线，远离化工厂、屠宰场、肉联厂、医院、居民区；选择深山草地，没有传染病，空气好、地质好、水质好，杂草树木多，没有或很少农田，不用或几乎不用农业化肥，居住松散区域散养；较平坦向阳，有水源且出水畅通，能通车、通电，危害鸡的野生动物少；育雏室建造要选地势高燥，向阳避水，离成鸡舍较远的上风头；成鸡舍建造要选地势高燥，向阳避风，周围有较广阔的平坦地段，而且接近整个鸡觅食运动场的中间（一般10~20亩场地养500只左右，一个舍为一个饲养区为宜）；饲料室建在整个场址的入口，选择地势高燥、通风、出水畅通、交通方便的地方。生活区要选在入口处，但必须与饲养区隔离开。

放养场地选择要从以下几个方面入手。

（一）自然环境

1. 荒坡林地及丘陵山地

荒坡林地及荒山地中牧草和动物蛋白质饲料资源丰富，场所宽敞，空气新鲜，环境幽雅，适宜土鸡生态散养。

散养时要充分发挥林地的有利条件：一是鸡觅食林中的虫、草，排泄的粪便增加地力，促进林木生长，减少化肥开支和污染。同时，树林密集的树冠，为鸡的生活提供了遮阴避暑、防风避雨的环境，鸡在林丛中觅食，还可躲避老鹰的侵袭。二是在林地活动范围大，抗病力增强，平时管理上很少用药，生产出来的鸡蛋、鸡肉无药物残留。三是林地中优质饲料多。除了丰富的可食牧草外，春季有金龟子、红蜘蛛、象甲、行军虫、枣尺蠖等；夏秋季节有蚂蚱、蟋蟀、毛虫、蜘蛛、食心虫、蚯蚓等；冬前有快入土和已入土的成虫、幼虫、虫卵、蛹茧等。林地放养为土鸡提供了丰富的营养，可节约饲料10%，降低饲料成本10%~20%。

林地的选择对于养好鸡有着十分重要的作用。不同用途的林地，在选择时要有所侧重。一般林地以中成林，最好选择林冠较稀疏、冠层较高，树林荫蔽度在70%左右，透光和通气性能较好，且林地杂草和昆虫较丰富的成林较为理想。树林枝叶过于茂密，遮阴度大的林地透光效果不好，不利于鸡的生长。

荒山林地最好是灌木丛、荆棘林或阔叶林等，土质以沙壤土为佳，若是黏质土壤，在放养区应设立一块沙地。附近最好有小溪、池塘等清洁水源。鸡舍建在向阳南坡上。

林间隙地可以种植苜蓿等饲草。据试验，在鸡日粮中加入3%~5%的苜蓿粉不但能使蛋黄颜色更黄，还能降低鸡蛋胆固醇含量。

2. 果园

危害果树的病虫害种类繁多，每年由于气候条件不同，病虫害发生的种类和时期不尽相同。在一年的生长过程中，果树经过萌芽、展叶、抽梢、开花、结果和休眠等阶段，各阶段发生的病虫害种类、数量和危害方式也不同。果树的害虫和农作物、林木、蔬菜害虫一样，大多属于昆虫的一部分，一生要经过卵、幼虫、蛹、成虫4个虫期的变化，如各种食心虫、天牛、吉丁虫、形毛虫、星毛虫等。过去多采用喷药、刮老皮、剪虫枝、拾落果、捕杀、涂白等繁琐的方法防治。

果园放养土鸡可捕食这些害虫。在昆虫发育的各个阶段若被土鸡发现，都能作为饲料被鸡采食。同时，通过灯光诱虫喂鸡，可明显减少果树虫害，降低农药使用量，减少农药残留，改善生态环境。由于在果园中放养的鸡，捕食肉类害虫，蛋白质、脂肪供应充分，所以生长迅速。较农家庭院饲养生长速度快33%，日产蛋量多18%，而且节约饲料成本60%以上。

在果园选择上，以干果、主干略高的果树和使用农药较少的果园地为佳。最理想的是核桃园、枣园、柿园和桑园等，并且要求排水良好。这些果树主干较高，果实结果部位亦高，果实未成熟前坚硬，不易被鸡啄食。其次为山楂园，因山楂果实坚硬，全年除1~2次用药杀灭食心虫外，很少用药。在苹果园、梨园、杏园养鸡，放养期应躲过用药和采收期，以减少药害以及鸡对果实的伤害；也可以在用药期，临时用隔网分区喷药、分区放养。同时，苹果、桃、梨等鲜果林地在挂果期会有部分果子自然落果后腐烂，鸡吃后易引起中毒，因此，要及时捡起落果，防止被鸡啄食。

3. 冬闲田

选择远离村庄、交通便利、排水性能良好的冬闲田，利用木桩做支撑架，搭成 2 米高的"人"字形屋架，周围用塑料布包裹，屋顶加油毡，地面铺上稻草，也可以放养土鸡。

（二）社会环境

选择放养场地时应注意鸡场与周围社会的关系，要遵守社会公共卫生准则，既不能使鸡场所产生的污物、污水成为周围社会环境、群众生活的污染源，也不能受周围环境的污染。其次要考虑水电、交通和周围环境等。场内要有三相电源，供电稳定，最好有双路供电条件或自备发电机。放养鸡场要选在交通便利，离城市有一定距离的近郊，能保证货物的正常运输，但应远离交通主干线。距交通干道不少于 1 千米，距一般公路 50 米以上，距居民区 500 米以上，距其他养殖场不少于 5 千米。场地范围内要独立自成封闭体系，以防止外人随便进入，这样不易受疫病传染，有利于防疫。要特别注意附近是否有畜牧兽医站、畜牧场、集贸市场、屠宰场，以及与拟放养土鸡场地的方位关系，隔离条件的好坏等，应远离上述污染源，以满足卫生防疫的要求。

（三）水源

鸡场用水比较多，每只成年鸡每天的饮水量平均为 300 毫升，在炎热的夏季，饮水量增加。一般鸡场的生活用水及其他用水是鸡饮水量的 2～3 倍。由此，鸡场必须要有可靠、充足的水源，并且位置适宜、水质良好、便于取用和防护。最理想的水源是不经处理或者稍加处理就可以饮用。要求水中不含病原微生物，无臭味或其他异味，水质澄清。地面水源包括江水、河水、潮水、塘水等。其水量随气候和季节变化较大，有机物含量多，水质不稳定，多受污染，使用时最好经过处理。大型鸡场最好自辟深井，深层地下水较为稳定，并经过较厚的土层过滤，杂质和微生物较少，水质洁净，且所含矿物质较多。

（四）环境条件

鸡场场址位置的确定要远离工厂、铁路、公路干线及航运河干道。为尽量减少噪声干扰，使鸡群长期处于比较安静环境中，要求交通方便，鸡的饲料产品以及其他物资等需要大量的运输能力。由此，必须路基坚固、地面平坦、排水性能好。电源是否充足、稳定，也是鸡场必须考虑的条件之一。为了便于防疫，新建鸡场应避开村庄、集市、兽医站、屠宰场和其他鸡场。

二、场区规划布局

场区布局应科学、合理、实用，节约土地，满足当前生产需要，同时考虑将来扩建和改建的可能性。鸡场可分成生产区和隔离区，规模较大的鸡场可设管理区。根据地形、地势和风向确定房舍和设施的相对位置，各功能区应界限分明，联系方便。

（一）场地内要有遮阴

场地内宜有树木遮阴及草地，以利于鸡群活动。场地树木选择也是有讲究的，最好选择树龄较大的树，比如银杏树、桂花树、竹等。这些树木本身无毒，常年没有流行性病虫害，林下养殖土鸡还可以很大程度降低病虫害，无需喷洒农药，土鸡品质更有保障。

（二）场地四周要围栏

场地内要独立自成封闭体系（用围网或用砖砌围墙），以防止外来人员、外界畜禽、野猫野狗、黄鼠狼等进入。

（三）育雏室建造地址

选择地势高燥、向阳避水的上风头地方。

（四）成鸡舍建造地址

选择地势高燥、向阳避风，周围有较广阔的平坦地段，最好配置树木在周围。鸡舍最好接近整个鸡觅食运动场的中间。

（五）饲料室建造地址

应在鸡舍的旁边、地势高燥、通风、排水畅通、喂食方便的地方。

（六）生活区、生产区的建造与隔离

生活区必须与饲养区隔离开，避免受到感染，以利于防疫。在进入养殖区的通道旁要建好消毒间，做好消毒防疫工作。

生产区主要包括育雏舍和放养鸡舍，育雏场应与放养区严格分开，生产区设大门、消毒池和更衣消毒室。放养区四周设围栏，围网使用铁丝网或尼龙网，高度一般为 2 米。

隔离区设在场区下风向处及地势较低处，主要包括兽医室、隔离鸡舍等。为防止相互污染，与外界接触要有专门的道路相通。

如果需要设管理区，应设在场区常年主导风向的上风处，主要包括办公设施及与外界接触密切的生产辅助设施，设主大门、消毒池和更衣消毒室。

场区内设净道和脏道，脏道与后门相连，两者严格分开，不得交叉、混用。

以每批放养 1 000 只土鸡为例，简单的场地规划可参考如下具体方案。

① 场地划成 3 区域，每个区域 3~4 亩地，最多可以放养 1 000 只土鸡，放养场地围栏 2 米高，使用铁丝网、塑料网均可，围栏内修建鸡舍，面积 150 米^2 左右。

② 鸡舍修建成长方形，中间开一个 1 米左右的小门即可，门开大了冬天容易受凉，鸡舍地面做成发酵床，不用清扫鸡粪也无臭味，并且少生病。

③ 每个鸡舍里面都需要接电线，青年鸡、蛋鸡晚上需要补充光照。

④ 每个鸡舍里面要接水管，安装自动饮水器，外面修建一个水塔，保证水管内 24 小时都有水，减少人工喂养成本。

⑤ 修建一条水泥小路，宽度 80 厘米左右，用于每天板车拉料、喂料。

⑥ 旁边有料库、配料房，土鸡需要自己配粮食喂养，肉质和成本才低，里面至少准备一个小型粉碎机，粉碎玉米等。

⑦ 育雏室 1 间，20 米² 以内，育雏 1 000 只鸡，里面需要有加温设备。

⑧ 根据当地主导风向，设立生活区，注意与生产区隔离开。

三、鸡舍类型与建造

（一）简易棚舍

简易鸡舍要求能挡风，不漏雨，不积水即可，材料、形式和规格因地制宜，不拘一格，但需避风、向阳、防水、地势较高，面积按每平方米能容纳 12 只鸡搭建，每个鸡舍的大小以容纳成年鸡 100~150 只为宜，多点设棚，内设栖息架，鸡舍周围放置足够的喂料和饮水设备。其配置情况与固定式鸡舍相同。

（二）普通型鸡舍

普通鸡舍要求防暑保温、背风向阳、光照充足、布列均匀、便于卫生防疫，内设栖息架，舍内及周围放置足够的喂料和饮水设备。使用料槽和水槽时，每只鸡的料位为 10 厘米，水位为 5 厘米；也可按照每 30 只鸡配置 1 个直径 30 厘米的料桶，每 50 只鸡配置 1 个直径 20 厘米的饮水器。

在建筑结构上采用比较简单的方法，修建成斜坡式的顶棚，坡面向南，北面砌一道 2 米高的墙，东西两侧可留较大的窗户，南侧可用尼龙网或者铁丝，但必须留大的窗户，面积以 16 米² 为宜。这种鸡舍通风效果好，可以充分利用阳光；保暖性能良好，南方、北方都适用。这种鸡舍配有较大的运动场，可以建在果园里，采用半开放式。鸡既可吃果园中的昆虫及杂草，还可以为果园施肥，既有利于防病，又有利于鸡的觅食。放牧场地还可设沙坑，让鸡洗沙浴。

地面平养以每平方米面积可载大鸡 10~12 只，用木屑、稻草、秸秆做垫料，笼养、网养用木料和塑料自制。注意搭支架时要保证鸡自由进出、上下鸡舍休息和活动。

（三）塑料大棚鸡舍

塑料大棚鸡舍就是用塑料薄膜把鸡舍的露天部分罩上，利用塑料薄膜的良好透光性和密封性，将太阳能辐射和机体自身散发的能量保存下来，从而提高了棚舍内温度，人为创造了适应鸡生长的小气候，减少鸡舍不合理的热能消耗，降低鸡的维持需要，从而使更多的养分供给生产。

塑料大棚鸡舍的建造，一般棚内左侧、右侧和后侧为墙壁，前坡是用竹条、木杆和钢筋做成的拱形支架，外覆塑料薄膜，搭成三面为围墙、一面为塑料薄膜的起脊式鸡舍。墙壁建成夹层，可增强防寒、保温能力，内径在 10 厘米左右，建墙所需的原料是土或砖、石。后坡可用油毡、稻草、泥土等按常规建造，外面再铺一层稻草等物。一般来说，鸡舍的后墙高 1.2~1.5 米，脊高 2.2~2.5 米，跨度为 6 米，脊到后墙的垂直距离为 4 米。塑料薄膜与地面、墙的接触处，要用泥土压实，防止贼风进入。在薄膜上每隔 50 厘米用绳将薄膜捆牢，防止大风将薄膜刮掉。棚舍内地面可用砖垫高 30~40 厘米。棚舍内的南部要设置排水沟，及时排出薄膜表面滴漏的水。棚舍的北墙每隔 3 米设置一个 1 米×0.8 米的窗户，在冬季封严，夏季时逐渐打开。门应设在棚舍的东侧，向外开，棚舍要设置照明设施。内设栖息架，舍内及周围放置足够的喂料和饮水设施。

（四）封闭鸡舍

封闭鸡舍一般是用隔热性能好的材料构造房顶与四壁，不设窗户。只有带拐弯的进气孔和出气孔，舍内小气候通过各种调节设备控制。这种鸡舍的优点是减少了外界环境对鸡群的影响，有利于采取先进的饲养管理技术和防疫措施，饲养密度大，鸡群生产性能稳定。

（五）开放式网上平养无过道鸡舍

这种鸡舍适用于育雏和饲养育成鸡、仔鸡。鸡舍的跨度为 6~8 米，南北墙设窗户。南窗高 1.5 米，宽 1.6 米；北窗高 1.5 米，宽 1 米。舍内用金属铁丝隔离成小自然间。每一自然间设有小门，供饲养员出入及饲养操作。小门的位置依鸡舍跨度而定，跨度小的设在鸡舍内南或北一侧，跨度大的设在中间，小门的宽度约 1.2 米。在离地面

70厘米高处架设网片。

（六）利用旧设施改造的鸡舍

利用农舍、库房等其他设备改建鸡舍，进行综合利用，可以降低成本。改造鸡舍必须做到通风、保温，一般旧的农舍较矮，窗户小，通风性能差，改建时应将窗户改大，或在北墙开窗，增加通风和采光。舍内要保持干燥。旧的房屋低洼，湿度大，改建时要用石灰、泥土和煤渣打成三合土垫在室内，在舍外开排水沟。

（七）搭建临时"避难所"

在放牧场地里，人工搭建一些简单棚架，充当鸡的"避难所"，可以让鸡在遇到雨雪、大风，或当鸡感到恐惧时临时躲避。

四、搭建围网

为了预防兽害和鸡只走失，或为了划区轮牧、预防农药中毒，放养区周围或轮牧区间应设置围栏护网，尤其是果园、农田、林地等分属于不同农户管理的放养地。如不设置围网，将增加管理难度，鸡只容易造成兽害或与邻居产生矛盾。在山场和草场等面积较广阔的放养地，可不设围网，采用移动鸡舍实施分区轮牧。

放养区围网可用1.5~2米高的铁丝网（或尼龙网、竹木栅栏），每隔8~10米设置一根垂直稳固于地基的木桩、水泥桩或金属管立柱。将铁丝网或尼龙网固定在立柱上，人员出入口需设置一个宽度能进出车辆的门。放养鸡舍（棚）前活动场周围设2米高的铁丝或尼龙丝防护网，并与鸡舍（棚）相连，用于夜间护鸡。

第三节 饲养用具与设备

一、热风炉及煤炉

热风炉及煤炉多用于地面育雏或笼育雏时室内加温，保温性能较好的育雏室每15~25米^{2}放1只煤炉。

二、保姆伞及围栏

保姆伞有折叠式和不折叠式两种。不折叠式又分方形、长方形及圆形等。伞内热源有红外线灯、电热丝、煤气燃烧等，采用自动调节温度装置。折叠式保姆伞适用于网上育雏和地面育雏。伞内用陶瓷远红外线加热，伞上装有自动控温装置，省电，育雏效率较高。不折叠式方形保姆伞，长宽各为 1~1.1 米，高 70 米，向上倾斜呈 45°，一般可用于 250~300 只雏鸡的保温。一般在保姆伞的外围还要加围栏，以防止雏鸡远离热源而受冷，热源离围栏 75~90 厘米。雏鸡 3 日龄后围栏逐渐向外扩大，10 日龄后撤离。

三、红外线灯

红外线灯分有亮光的和无亮光的两种。生产中用的大部分是有亮光的，每只红外线灯为 250~500 瓦，灯泡距离地面 40~60 厘米，可根据育雏的需要进行调整。通常 3~4 只灯泡为一组轮流使用，每只灯泡可以保温 100~150 只雏鸡。料槽与饮水器不宜放在灯下。

四、饮水器

饮水器多由顶圆桶和直径比圆桶略大的底盘构成。圆桶顶部和侧壁不漏气，在基部离底盘高 2.5 厘米处开 1~2 个小圆孔。使用时，先使桶顶朝下，水装至圆孔处，然后扣上底盘反转过来。这种饮水器构造简单，使用方便，便于清洗消毒。还可以用镀锌铁皮、塑料等材料制成 "V" 字形或者 "U" 字形水槽。镀锌铁皮使用寿命短，容易腐蚀。也可以用大口玻璃瓶等制作，取材方便，容易推广。现在多用塑料制成的吊塔式饮水器，不仅解决了上述问题，且使用方便，便于清洗，寿命长。

乳头式自动饮水器是由阀芯与触杆组成，直接同水管相连，由于毛细管的作用，触杆端部经常悬着一滴水，鸡需要饮水时，只要啄动触杆，水即流出。鸡饮水完毕，触杆将水路封住，水即停止外流。这种饮水器安装在鸡头上方处，让鸡抬头喝水。安装时要随鸡的大小改变高度，可以安装在鸡笼内，也可以安装在鸡笼外。

五、断喙器

断喙器型号较多，用法不尽相同。采用红热烧切，既断喙又止血，断喙效果好。该断喙器主要由调温器、变压器与上刀片、下刀口组成。变压器将200伏交流电压变成低压大电流，使得刀片的工作温度在820℃以上。刀片的红热时间不超过30秒，消耗功率为70~140瓦，输出功率可以调节，以适应不同日龄雏鸡断喙的需要。

六、饲槽

饲槽是养鸡的一种重要设备，因鸡的大小、饲养方式不同对饲槽的要求也不同，但无论哪种类型的饲槽，均要求平整光滑，采食方便，不浪费饲料，便于清刷消毒。制作材料可选用木板、镀锌铁皮及硬质塑料等。开食盘用于1周龄前的雏鸡，大都是由塑料和镀锌铁皮制成。船形饲槽多在平养与笼养普遍使用，长度依据鸡笼而定。在平面散养的条件下，饲槽的长度为1~1.5米，为防止鸡踏入槽内将饲料弄脏，可以在槽上安上转动的横梁。干粉料桶包括一个无底圆桶和一个直径比圆桶略大的短链相连，可以调节桶与底盘之间距离。

七、鸡笼

（一）产蛋鸡笼

笼架是承受笼体的支架，由横梁和斜撑组成。笼体是由冷拔钢丝电焊而成，包括顶网、低网、前网、后网、隔网和笼门。一般前网和顶网压制在一起，后网和低网压制在一起，隔网为单片网，笼门作为前网或顶网的一部分，有的可以取下，有的可以上翻。笼底网要有一定的坡度，一般为6°~10°，伸出笼外12~16厘米，形成集蛋箱。附属设备护蛋板为一条镀锌薄铁皮，置于笼内前下方，鸡头可以伸出笼外啄食。

（二）育成鸡笼

也称青年鸡笼，主要用于青年母鸡，一般采取群体饲养。其笼体组合方式多采用3~4层半阶梯式或单层平置式。笼体由前网、后网、顶网、底网和隔网组成；每个大笼隔成 2～3 个大小不等小笼，笼体高为 30～35 厘米，笼深为 45～50 厘米，大笼长度一般不超过 2 米。

（三）育雏设施

育雏前要准备好保温设备、饲槽、饮水器、水桶、料桶、温湿度计、扫帚、清粪工具、消毒用具，另外根据实际情况添置需要的用具。若是笼养育雏，还要准备专用的育雏笼（图 2-1、图 2-2）。针对农村土鸡养殖，育雏笼也可就地取材自制，便于雏鸡采食、饮水和饲养人员管理操作即可。

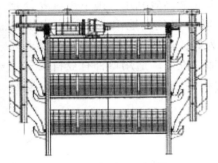

图 2-1　层叠式育雏笼

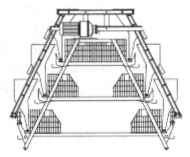

图 2-2　三层阶梯式育雏笼

（四）种鸡笼

多采用 2 层半阶梯式或平层式。适用于种鸡自然交配的群体笼，前网高度为 72～73 厘米，中间不设隔网，笼中公、母鸡按一定比例混养；适用于种鸡人工授精的鸡笼分为公鸡笼和母鸡笼，母鸡笼的结构与产蛋鸡笼相同。公鸡笼中没有板底网，没有滚蛋角和滚蛋间隙，其余结构与产蛋鸡笼相同。

八、栖架

鸡有高栖过夜的习性，每到天黑之前，总想在鸡舍内找个高处栖息。假设没有栖架，个别的鸡会飞在高处过夜，多数拥挤在一角栖伏在地面上，对鸡的健康不利。由此，在舍内后部应设有栖架。栖架主要有两种形式：一种是将栖架做成梯子形靠立在鸡舍内，叫立式栖架；另一种将栖架钉在墙壁上。也可以在放养场内设立简易栖架。

第四节　土鸡放牧饲养草地的建植

土鸡放牧饲养最好种植营养丰富且鸡的适口性好的豆科牧草或禾本科牧草，这些牧草中富含蛋白质和钙质，具有根瘤，能改良土壤结构和提高土壤肥力。

一、牧草品种的选择

林草立体群落结合可以达到地上光能高效利用、地下土壤养分充分吸收的目的。幼林期种植牧草，既可避免土地浪费，防止水土流失，又可收获牧草。牧草以多年生为好，避免每年播种，同时要求分枝分蘖多，再生性强，适应性强，适口性好。适用草种有豆科的三叶草、紫花苜蓿、百脉根，禾本科的鸭茅、无芒雀麦、黑麦草、早熟禾等。

二、放牧草地的建植与使用

放牧草地的建植应考虑鸡的食性、耐践踏和持久性，可采用豆科牧草 60%，禾本科牧草 40%的混播方式。适宜的豆科牧草有三叶草、紫花苜蓿、百脉根，禾本科牧草有黑麦草等。播种量豆科牧草 8 千克/公顷，禾本科 5 千克/公顷。

放牧散养鸡应进行分区轮牧，以合理利用牧草和减少对草地的破坏。将放牧草地划块，气候和雨水好、牧草生长快时，20 天左右轮牧 1 次；牧草生长差时，30 天左右轮牧 1 次。

三、几种主要牧草的播种方法

1. 紫花苜蓿

又名紫苜蓿、苜蓿、苜蓿草，为苜蓿属多年生草本植物。根系发达，种植当年可达 1 米以上，多年后达 10~30 米。茎秆斜上或直立，株高 60~100 厘米。小 3 叶，花成簇状。因根系强大、入土深，对干旱的忍耐性很强。但高温或降雨过多（100 厘米以上）对其生长不利，持续燥热、潮湿会引起烂根死亡。富含蛋白质和矿物质，胡萝卜素和维生素 K 的含量较高。蛋白质含量占干物质的 17%～23%，以 20%计，亩产 1 500 千克干草（始花期）。播种紫花苜蓿采取条播、撒播和穴播均可。播种量一般每亩 0.5～1.5 千克，条播行距 20～30 厘米，播深 2～4 厘米为宜，浅翻土，轻镇压（如在紧实土地上播种，播深以 1～3 厘米为宜）。

2. 沙打旺

又名麻豆秧、沙大王、斜茎黄芪、直立黄芪。主根粗壮，侧根发达，并有大量根瘤。茎高 1.5～2 米，丛生。其抗逆性强，适应性广，具有抗寒、耐瘠、耐盐、抗旱和抗风沙的能力，能忍受的最低气温为 −30℃。其粗蛋白占干物质的 15%～16%，饲用价值仅次于苜蓿。种植沙打旺结合耕翻施用有机肥和磷肥可提高产草量及种子产量。沙打旺营养生长期长，比同期播种的紫花苜蓿营养期长 1～1.5 月，植株高大，叶量丰富，占总量的 30%～40%，产草量也高于一般牧草。种植 2～4 年，亩产鲜草 2 000～6 000 千克。春播、夏播、秋播均可，一般在 6 月初至 7 月中旬，秋播不迟于 8 月初。一般采用条播，行距 30 厘米，覆土 1～2 厘米，镇压。荒地飞播前要浅耕或重肥。播种量为每亩 0.3～0.5 千克。飞播最好与草木樨、沙蒿、羊柴、柠条混播。

3. 白花草木樨

又名白香草木樨、白甜车轴草，是草木樨属二年生草本植物。茎直立，株高 1～3 米，多分枝，含香素，全株具有香味，三出复叶，有锯齿。花小，白色，为细长而稀疏的总状花序。荚果小，每荚含一粒种子。适宜在湿润和半干燥气候地区生长，耐瘠薄，不适用于酸性土壤，最喜 pH 值 7～9 的土壤。耐盐碱，抗寒、抗旱能力都很强。它是蛋白质、脂肪、无氮浸出物等含量较高的饲草。白花草木樨苗期生长缓慢，需深耕细耙，整地精细。磷、钾同时施用对其增产有显著作用。白花草木樨春夏秋均可播种。春播每年可刈割两次，亩产鲜草 1 500～2 000 千克。单种，条播行距 30～50 厘米，播种量每亩 1～1.5 千克；密行条播行距 7.5～15 厘米，播种量每亩 2～2.5 千克。与玉米、葵花和高粱等宽行高大作物间种，可与作物同期播种，也可推后。这样白花草木樨亩产鲜草 1 000～1 500 千克，葵花亩产 50～200

千克。套种，占地不大，不影响粮食生产，而且还能增产饲料，提高地力。复种，小麦等粮食作物收获后，复种草木樨能获得较高产量，并提高地力，使后作增产。因白花草木樨生长快、年限短，是一种良好的混播草种。与禾本科牧草混播，能相互促进，增强生长，提高产量和品质。

4. 柠条

学名小叶锦鸡儿，别名柠条、连针。为落叶灌木，叶簇生或互生，偶数羽状复叶。其株高在 150～300 厘米，树皮金黄色。柠条是良好的饲用植物，枝叶茂盛，营养价值高，含粗蛋白 22.9%、粗脂肪 4.9%、粗纤维 27.8%；种子中含蛋白质 27.4%、粗脂肪 12.8%、无氮浸出物 31.6%。其根系发达，是水土保持、防风固沙的优良品种。柠条是干草原和荒漠草原沙生旱生灌木，极耐干旱、寒冷和贫瘠。不怕风沙，在沙地生长良好，在 -32℃ 能安全越冬。种植柠条的关键在于抓苗，对土壤水分、播种时间和田间管理都有严格要求。土壤水分在 10% 以上时，旱直播才能抓好苗。水分充足，温度高，有利于萌芽出苗。当年停止生长前高达 8～10 厘米能安全越冬。北方不利于 8 月上旬播种，多在 6～7 月的雨季进行旱直播。播种时播深 3 厘米（过深影响出苗），播种量为每亩 0.7～1 千克，一般情况下 150 丛/亩。柠条返青早，生育期长，播种第一年的柠条地上部分生长缓慢，第二年生长加快。第三、第四年开花结实。种子产量 15～20 千克/亩，种子寿命约 3 年。

选好放养品种并加强品种繁育

第一节　土鸡的主要品种

一、土鸡品种的特点

优良的地方土鸡品种，体型小巧，反应灵敏，活泼好动，适应当地的气候与环境条件，耐粗饲，抗病力强，适宜放养。各种土鸡的配套系、各种叫不上名称的土杂鸡，也都适宜于野外散养。相反，那些先进的蛋鸡和快大型肉鸡品种，大多体型笨重、神经敏感、抗病性差，野外散养成功率低。

（一）体型外貌特点

我国土鸡品种众多，体型和体貌差异较大。从外观上看，土鸡的头很小、体型紧凑、胸腿肌健壮、鸡爪细；冠大直立、色泽鲜艳。仿土鸡接近土鸡，但鸡爪稍粗、头稍大。快大型鸡则头和躯体较大、鸡爪很粗，羽毛松散，鸡冠较小。

由于品种间相互杂交，因而土鸡的羽毛色泽较杂，常见有黑、红、黄、白、麻等；脚的皮肤也有青色、黄色、黑色、灰白色等。若引用其他肉鸡品种血缘，与国外肉鸡品种杂交后，通常称为"仿土鸡"。但是，如含外血较大，则不能称作真正意义上的土鸡了。

把鸡宰杀洗净后，土鸡、仿土鸡、快大型鸡的差别就会更明显。土鸡皮肤薄、紧致，毛孔细，是呈网状排列的；仿土鸡皮肤较薄、毛孔也较细，但不如土鸡；而快大型鸡则皮厚、松弛，毛孔也比较粗。土鸡和仿土鸡最重要的特点是肤色偏黄、皮下脂肪分布均匀，而快大型鸡的肤色光洁度较大，颜色也偏白。土鸡和仿土鸡烧好后肉汤透明澄清，脂肪团聚于汤汁表面，有香味，而快大型鸡则肉汤较浊，表面脂肪团聚较少。

（二）按用途分类

根据用途，土鸡可分为蛋用型（仙居鸡、济宁百日鸡等）、蛋肉兼用型（边鸡、北京油鸡、固始鸡等）、肉用型（河田鸡、溧阳鸡等）、药用型（金阳丝毛鸡、乌蒙乌骨鸡等）、药肉兼用型（兴文乌骨鸡、沐川乌骨黑鸡等）和观赏型（鲁西斗鸡、丝毛乌骨鸡等）六大类。

（三）按地域分布分类

我国幅员辽阔，各地都有自己的特色土鸡品种。青藏高原区有藏鸡；蒙新高原区有边鸡、中国斗鸡（吐鲁番鸡）；黄土高原区有静原鸡、边鸡、略阳鸡、正阳三黄鸡；西南山地区有彭县黄鸡、峨嵋黑鸡、武定鸡、中国斗鸡（版纳斗鸡）；东北区有林甸鸡、大骨鸡；黄淮海区有北京油鸡、寿光鸡、济宁鸡；东南区有浦东鸡、仙居鸡、萧山鸡、白耳黄鸡、丝毛乌骨鸡（江西的泰和鸡、福建的白绒鸡、广东的竹丝鸡）、江山白羽乌骨鸡、崇仁麻鸡、河田鸡、惠阳胡须鸡、杏花鸡、清远麻鸡、霞烟鸡、桃源鸡、固始鸡、溧阳鸡、鹿苑鸡、狼山鸡、中国斗鸡（中原斗鸡、漳州斗鸡）。

二、常见的土鸡品种

按照生产性能、体型外貌分，我国的优质地方土鸡品种类型大致可分为 3 种。

1. 生产性能、体型外貌比较一致的鸡种

这类鸡种多在习惯养一色鸡的地方或交通不便的地区自繁自养，才使鸡种保持一定的特征特性，前者如江苏东岔河马塘一带有养黑色大鸡的风俗习惯，形成黑狼山鸡产区，后者如福建龙岩地区的河田鸡。

这些鸡种多数已建立了种禽场进行选育或保种工作，如北京油鸡、大骨鸡（庄河鸡）、绿壳蛋鸡、狼山鸡、鹿苑鸡、溧阳鸡、寿光鸡、泰和丝毛乌骨鸡、惠阳胡须鸡、固始鸡等。

2. 生产性能、体型外貌差异较大的鸡种

这类鸡种占我国优质土鸡品种的大多数。如浙江的仙居鸡，就体态结构或神经类型来看，都属蛋用鸡类型，但其毛色差异极大，近年来又向肉蛋兼用方向选育。江苏省家禽科学研究所曾于1976年在产地选购200多羽黄色、麻黄色羽毛的公母鸡进行表型同质选配，但其后裔却有约5%的白羽或白花颈圈的鸡只，经过三代采用严格的近亲黄羽鸡种选配，才淘汰了白羽基因。事实上，当地确有黄羽、白羽、花羽鸡，甚至有黄羽乌骨鸡存在。

我国许多优质土鸡品种多以体大闻名，而实际上产区体大者居少数。大、中、小混杂，如不能区分，鸡种纯化工作也难以进行。对于这类鸡种，尚需做大量的纯化选育工作。

3. 原始类型的鸡种

这类地方鸡种极少，主要有云南的茶花鸡、藏鸡。这些鸡走动迅速，善飞跃，尾长，胸肌丰满。藏鸡夜间喜栖于屋梁上，产蛋量极少，耐高原地区生活条件。按经济用途分，我国地方鸡种大多属兼用型。有的主要用于肉用，为肉用型，偏于蛋用的，为蛋用型，个别属观赏或药用品种。本书所言的优质土鸡，主要指作为肉用的优良地方品种鸡。

我国地方土鸡品种众多，本书只重点介绍几个地方资源保护较好，并具有一定种群的地方土鸡种。

（一）蛋用型鸡种

1. 仙居鸡

仙居鸡又称梅林鸡，是浙江省优良的小型蛋鸡地方品种。主要产于浙江省仙居县及邻近的临海、天台、黄岩等县。分布于浙江省东南部。仙居鸡历来饲养粗放，主要靠放牧，野外自由觅食，因此体格健壮，适应性强。

仙居鸡结构紧凑，体态匀称，全身羽毛紧密贴体，尾羽高翘，背平直，骨骼纤细。仙居鸡有黄、黑、白3种羽色，黑羽体型最大，黄羽次之，白羽略小。目前资源保护场在培育的目标上，主要是黄羽鸡种的选育，现以黄羽鸡种的外貌特征简述如下：该品种羽毛紧凑，尾羽高翘，体型健壮结实，单冠直立，喙短，呈棕黄色，胫黄色无毛。部分鸡只颈部羽毛有鳞状黑斑，主翼羽红夹黑色，镰羽和尾羽均呈黑色。虹彩多呈橘黄色，皮肤白色或浅黄色。成年公鸡羽毛主要是黄色，梳羽、蓑羽色较浅有光泽，主翼羽红夹黑色，镰羽和尾羽均黑。成年母鸡羽毛色较杂，以黄为主，尚有少数白羽、黑羽。雏鸡绒羽黄色，但深浅不同，间有浅褐色。

仙居鸡生长速度中等、个体小，属早熟品种，早期增重慢，180日龄公鸡体重为 1 256 克，母鸡体重为 953 克，接近成年鸡的体重，半净膛屠宰率公鸡为 85.3%，母鸡为 85.7%；全净膛屠宰率公鸡为 75.2%，母鸡为 75.7%。在放牧饲养条件下，公鸡 90 日龄体重可达 1 500 克，母鸡 120 日龄可达 1 300 克，平均料肉比为 3.2∶1，饲养成活率在 98% 以上，商品鸡合格率在 96% 以上。

开产日龄 150~180 天，一般饲养条件下年产蛋 160~180 个，高产的鸡达 200 个以上，平均蛋重 42 克左右；就巢母鸡一般占鸡群 10%~20%；成年母鸡体重 1 250 克；蛋壳以浅褐色为主。因体小而灵活，配种能力较强，可按公母 1∶（16~20）配种。

2. 济宁百日鸡

原产于山东济宁市，属蛋用型品种。

济宁百日鸡体型小而紧凑，背部呈 U 字形。头型多为平头，凤头仅占 10%。母鸡毛色有麻、黄、花等羽色，以麻鸡为多。麻鸡头颈羽麻花色，其羽面边缘金黄色，中间为灰或黑色条斑，肩部和翼羽多为深浅不同的麻色。公鸡羽色较为单纯，红羽公鸡约占 80%，次之为黄羽公鸡，杂色公鸡甚少。单冠，公鸡冠高直立，冠、脸、肉垂鲜红色。脚主要有铁青色和灰色两种。皮肤多为白色。

初生重为 29.63 克，成年体重公鸡为 1 320 克，母鸡为 1 230 克。屠宰测定：6.5 月龄公鸡半净膛屠宰率为 77.3%，母鸡为 84%，公鸡全净膛屠宰率为 57.7%，母鸡为 63.8%。少数个体 100 天就开产，称为"百天鸡"，开产日龄 146 天。年产蛋 130~150 枚，部分产蛋达 200 个以上。平均蛋重为 42 克，蛋壳颜色为粉红色。

（二）肉用型鸡种

1. 河田鸡

产于福建省长汀、上杭两县，属于肉用型品种。

河田鸡体近方形，有"大架子"（大型）与"小架子"（小型）之分。雏鸡的绒羽均深黄色，喙、胫均黄色。成年鸡外貌较一致，单冠直立，冠叶后部分裂成叉状冠尾。皮肤肉白色或黄色，胫黄色。公鸡喙尖呈浅黄色。头部梳羽呈浅褐色，背、胸、腹羽呈浅黄色，蓑羽呈鲜艳的浅黄色，尾羽、镰羽黑色有光泽，但镰羽不发达。主翼羽黑色，有浅黄色镶边。母鸡羽毛以黄色为主，颈羽的边缘呈黑色，似颈圈。

成年体重公鸡为（1 725.0±103.26）克，母鸡为（1 207.0±35.82）克，初生重公鸡为30.7克，母鸡为29.6克。120日龄屠宰测定：公鸡半净膛屠宰率为85.8%、母鸡87.08%；全净膛屠宰率公鸡为68.64%，母鸡70.53%。开产日龄180天左右，年产蛋100枚左右，平均蛋重为42.89克，蛋壳以浅褐色为主，少数灰白色，蛋形指数1.38。

2. 溧阳鸡

溧阳鸡是江苏省西南丘陵山区的著名鸡种，当地亦以"三黄鸡"或"九斤黄"称之。

溧阳鸡属肉用型品种。体型较大，体躯呈方形，羽毛以及喙和脚的颜色多呈黄色。但麻黄、麻栗色者亦甚多。公鸡单冠直立，冠齿一般为5个，齿刻深。母鸡单冠有直立与倒冠之分，虹彩呈橘红色。

成年体重公鸡为3 850克，母鸡为2 600克。屠宰测定：公鸡半净膛屠宰率为87.5%，母鸡85.4%；全净膛屠宰率为公鸡79.3%，母鸡72.9%。开产日龄为（243±39）天，500日龄产蛋为（145.4±25）枚，蛋重为（57.2±4.9）克，蛋壳褐色。

（三）蛋肉兼用型鸡种

1. 边鸡（右玉鸡）

边鸡属肉蛋兼用型品种。边鸡是一个蛋重大、肉质好、适应性强、耐粗抗寒的优良地方鸡种。产于内蒙古自治区与山西省北部相毗连的长城内外一带，因当地人民视长城为"边墙"，所以称这一鸡种为边鸡（在山西省也称为右玉鸡）。主要分布在内蒙古乌兰察布盟的凉城、和林、丰镇、兴和、卓资、察哈尔右翼前旗、察哈尔右翼中旗、四子王旗、武川和山西省雁北地区的右玉县，以凉城、卓资、察哈尔右翼中旗和右玉县最为集中。

边鸡体型中等，身躯宽深，体躯呈元宝形。胸部发达，肌肉丰满，背平而宽，胫长且粗壮。全身羽毛蓬松，绒羽较密。喙短粗略向下弯，以黑、褐、黄色居多。冠型有单冠、玫瑰冠、豆冠、毛冠，以单冠、玫瑰冠居多。公鸡冠较小，有明显的"S"状弯曲，色鲜红。眼大有神，虹彩呈红色或黑红色。脸、肉髯、耳叶均呈红色。脸部较清秀，着生有长短不一的细羽。公鸡羽色红黑或黄黑，少数黄白色和白灰色。母鸡羽色多种，有白、灰、黑、浅黄、麻黄、红灰和杂色，其中黄麻羽色又分为深褐、浅褐、红黄和麻黄。公鸡的主尾羽不发达，母鸡的尾羽短而上翘。胫部有发达的胫羽，胫多呈青色、黑色、少数呈肉色、灰色。

边鸡平均体重：成年公鸡 1 825 克，母鸡 1 505 克。成年公鸡平均半净膛屠宰率 79.0%，母鸡 74.0%；成年公鸡平均全净膛屠宰率 73.0%，母鸡 67.5%。

边鸡母鸡平均开产日龄 240 天。平均年产蛋 101 枚，平均蛋重 63 克，高者达 96～104 克。平均蛋壳厚度 0.39 毫米。蛋壳深褐色，少数褐色或浅褐色。公母鸡配种比例 1：(10～15)。

2. 北京油鸡（宫廷黄鸡）

北京油鸡属蛋肉兼用型品种。原产于北京城北侧安定门和德胜门的近郊一带，其邻近地区海淀、清河等也有一定数量的分布。因具有外观奇特、肉质优良、肉味浓郁的特点，故又称宫廷黄鸡。北京油鸡具有抗病力强，成活率高，易于饲养的特点，是目前土蛋鸡养殖的更新换代品种，养殖开发潜力巨大。现为国家级重点保护品种和特供产品，北京市特色农产品开发的重点。

北京油鸡体躯中等，羽色分赤褐色和黄色，其中羽毛呈赤褐色（俗称紫红毛）的鸡，体型较小；羽毛呈黄色（俗称素黄毛）的鸡，体型略大。北京油鸡头较小，喙黄色，尖部褐色，单冠，冠小而薄，在冠的前段常形成一个小的"S"状褶曲，冠齿不甚整齐。凡具有髯羽的个体，其肉垂很少或全无。冠、肉髯、耳叶、脸红色。少数个体分生五趾。眼较大，虹彩棕褐色。冠羽、髯羽很明显，部分油鸡冠羽大而蓬松，常遮住视线。成年鸡的羽毛厚密而蓬松。公鸡的羽色鲜艳光亮，头部高昂，尾羽多呈黑色。母鸡头、尾微翘，腹部略短，体态敦实，尾羽与主翼羽、副翼羽中常夹有黑色或以羽轴为中界的半黑半黄的羽片。公母鸡均有冠羽和胫羽，部分个体兼有趾羽，不少个体的颌下或颊部生有髯须。因此，人们常将这"三羽"（凤头、毛腿和胡子嘴）性状看做是北京油鸡的主要外貌特征。初生雏全身披着淡黄或土黄色绒羽，冠羽、胫羽、髯羽也很明显，体浑圆，十分惹人喜爱。

北京油鸡成年公鸡平均体重 2 049 克，母鸡 1 730 克。成年公鸡平均半净膛屠宰率 83.50%，母鸡 70.70%；成年公鸡平均全净膛屠宰率 76.6%，母鸡 64.6%。

北京油鸡母鸡平均开产日龄 210 天，年产蛋 110 枚，蛋重 56 克。蛋壳褐色、淡紫色。公鸡性成熟期 60~90 天。公母鸡配种比例 1：(8~10)。母鸡抱窝性较强，就巢率约 20%。就巢期长者可达 60 多天，短者 20 天，平均为 25 天。公母鸡利用年限 1~2 年。

3. 固始鸡

固始鸡属蛋肉兼用型鸡种，其具有耐粗饲、抗逆性强、肉质细嫩等优点。自然散养的固始鸡自由觅食，食青草、小虫，其具有产蛋多、蛋大壳厚、耐贮运、蛋清稠、蛋黄色深、营养丰富、风味独特、遗传性能稳定等特点，为我国宝贵的家禽品种资源之一。

固始土鸡是在固始县独特的地理位置和特殊的气候环境下经过历史上长期闭锁繁衍而形成的具有特殊性能和优良品质的地方鸡种，因主产于固始而得名。

固始鸡个体中等，外观清秀灵活，体型细致紧凑，结构匀称，羽毛丰满，尾型独特。初生雏绒羽呈黄色。头顶有深褐色绒羽带，背部沿脊柱有深褐色绒羽带。两侧各有 4 条黑色绒羽带。成鸡冠型分为单冠与豆冠两种，以单冠者居多。冠直立，冠齿为 6 个，冠后缘冠叶分叉。冠、肉垂、耳叶和脸均呈红色。眼大略向外突起，虹彩呈浅栗色。喙短略弯曲、呈青黄色。胫呈靛青色，四趾，无胫羽。尾型分为佛手状尾和直尾两种，佛手状尾羽向后上方卷曲，悬空飘摇这是该品种的特征。皮肤呈暗白色。公鸡羽色呈深红色和黄色，镰羽多带黑色而富青铜光泽。母鸡的羽色以麻黄色和黄色为主，属黄鸡类型，白、黑色很少。该鸡种性情活泼，敏捷善动，觅食能力强。

成年固始鸡平均体重，公鸡 2 470 克，母鸡 1 780 克。公鸡半净膛屠宰率 81.76%，母鸡 80.16%；公鸡全净膛屠宰率 73.92%，母鸡 70.65%。

固始鸡母鸡性成熟较晚。开产日龄平均为 205 天，最早的个体为 158 天，开产时母鸡平均体重为 1 299.7 克。年平均产蛋量为 141.1 个，产蛋主要集中于 3—6 月，平均蛋重为 51.4 克，蛋壳褐色，蛋壳厚为 0.35 毫米，蛋黄呈深黄色。

固始鸡有一定的抱窝性。自然条件下抱窝性者占总数 20.1%；舍饲条件下，抱窝性占 10%。

（四）药用型

1. 金阳丝毛鸡

金阳丝毛鸡主产于四川凉山州，与产于中国江西、福建和广东的丝毛鸡在体形外貌、生产性能和遗传性等方面均有显著的区别。

金阳丝毛鸡的外貌特点是全身羽毛呈丝状，头、颈、肩、背、鞍、尾等处的丝状羽毛柔软，但主翼羽、副翼羽和主尾羽具有部分不完整的片羽。由于金阳丝毛鸡全身羽毛呈丝状，似松针或羊毛，故当地群众称其为"松毛鸡"或"羊毛鸡"。

母鸡体格较小，头大小适中，红色单冠，喙肉色，耳叶多为白色，脸红色或紫红色，虹彩橘黄或橘红色；体躯稍短。皮肤白色，个别黑色，也有乌骨、乌皮、乌肉的个体，胫肉色或黑色，大多数开胫羽，脚趾四个。公鸡体格中等大小，红色单冠直立，肉垂发达；颈较粗壮，体躯宽阔稍短，两脚开张，站立稳健。

金阳丝毛鸡体格较小，但屠体丰满，早熟易肥。在中等营养水平条件下，据测定，1 周岁公鸡全净膛屠宰率为 80.1%。500 天产蛋量 57.11 枚，平均蛋重（52.4±0.75）克，大小均匀，蛋壳呈浅褐色，平均厚度为 0.31 毫米。

金阳丝毛鸡性成熟较早。公鸡开啼日龄为 120 天左右，母鸡开产日龄为 160 天左右。金阳丝毛鸡抱窝性强，在不采取任何醒抱措施的情况下，持续期长，一般一个多月，长者可达 2 个月之久。每产 10～15 个蛋抱一次。

2. 乌蒙乌骨鸡

乌蒙乌骨鸡主产于云贵高原黔西北部乌蒙山区的毕节市、织金、纳雍、大方、水城等地，是贵州省的药肉兼用型鸡种。

乌蒙乌骨鸡公鸡体大雄壮，母鸡稍小紧凑。多为单冠，公鸡冠大耸立，个别有偏冠，冠齿 7~9 个，肉髯薄而长，母鸡冠呈细锯齿状。羽色以黑麻色、黄麻色为主，少数白色、黄色和灰色。羽状多为片羽，少数翻羽。冠、喙、脚、趾、泄殖腔、皮肤、耳呈乌黑色。大部分鸡的皮肤、口腔、舌、气管、嗉囊、心、肺、卵巢、肠、肾脏、胰脏、骨膜、骨髓乌黑色。肌肉乌黑色较浅，颈部、背部肌肉乌黑色偏重。少数有胫羽。

平均体重，成年公鸡 1 870 克，母鸡 1 510 克。成年公鸡平均半净膛屠宰率 77.90%，母鸡 78.48%；成年公鸡平均全净膛屠宰率 67.96%，母鸡 68.99%。

母鸡平均开产日龄 161 天。平均年产蛋 115 枚，平均蛋重 42.5 克。蛋壳浅褐色。公鸡性成熟期 165~180 天。公母鸡配种比例 1：(10~12)。母鸡抱窝性强，每年 4~5 次，平均就巢持续期 18 天。

（五）药肉兼用型

1. 兴文乌骨鸡

兴文乌骨鸡又名四川山地乌骨鸡，属肉药兼用型鸡种。主产于四川省南部山地的兴文县，分布于珙县、筠连、高县、叙永等地，宜宾、屏山和江安等地南部的山丘地带亦有少量分布。

兴文乌骨鸡体型较大，体质结实，健壮。冠型大多为单冠，复冠很少。大多数喙、冠、肉髯、睑、胫、趾、皮肤和舌头均为乌黑色，屠宰后可见肉乌、骨乌和内脏乌（群众称十全乌骨鸡），也有舌头不乌的白肉乌骨鸡（当地群众称半乌骨鸡）。全身黑羽鸡居多，麻黄羽次之，白羽甚少。羽毛形状大多数是片羽，翻羽和丝毛羽少见。

兴文乌骨鸡肉质细嫩多汁，香味浓，具有一定的保健作用。成年公鸡体重 2 828 克，母鸡 2 230 克。180 日龄和 300 日龄平均全净膛屠宰率分别为 79.50% 和 79.40%，365 日龄公鸡全净膛屠宰率 81.10%，母鸡 78.40%。

母鸡平均开产日龄 195 天。平均年产蛋 110 枚，平均蛋重 58 克。蛋壳浅褐色。公鸡性成熟期 150~180 天。公母鸡配种比例 1：(8~12)。母鸡有抱窝性，每年就巢 7~8 次，每次平均就巢持续期 21 天。

2. 沐川乌骨黑鸡

沐川乌骨黑鸡属药肉兼用型鸡种，是四川省地方特优品种，又称大楠黑鸡。其中心产区在四川省沐川县的大楠、底堡、干剑、沐溪、建和、幸福、永福和炭库八个乡、镇。分布于沐川全县及其毗邻县、区的浅丘、二半山区。

沐川乌骨黑鸡体躯长而大，背部平直，胸丰满。头中小，清瘦。喙短，前端稍弯曲，呈黑色。冠型单冠、玫瑰冠、复冠，呈黑灰色，冠直立，冠齿5~7个。肉髯乌黑色。耳叶椭圆形。睑部皮肤松弛、粗糙，呈黑色或紫色。眼椭圆形，暗黑色，瞳孔、虹彩乌黑色。颈弯曲适中。主尾羽发达、直立。全身羽毛黝黑，泛蓝绿色光，鞍羽和尾羽更为明显。全身皮肤乌黑色。胫较长，多数有胫羽，趾乌黑色。

兴文乌骨鸡平均体重，成年公鸡2 680克，母鸡2 290克。成年公鸡平均半净膛屠宰率84.00%，母鸡75.00%；成年公鸡平均全净膛屠宰率79.00%，母鸡69.00%。

母鸡平均开产日龄225天。每窝产蛋10~15枚，平均年产蛋110枚，平均蛋重54克。蛋壳浅褐色。公鸡平均性成熟期200天。母鸡抱窝性弱。

（六）观赏型

鲁西斗鸡是观赏型土鸡的代表品种。

鲁西斗鸡古称唆鸡，俗称咬鸡，是我国特有的观赏型珍贵鸡种，享誉中国四大斗鸡之首的美称。原产于山东西南部古城曹州一带，即今菏泽、嘉祥、曹县、成武等县。

鲁西斗鸡体型高大魁梧，体质健壮，体躯长，成年斗鸡具有鹰嘴、鹅颈、高腿、鸵鸟身，肌肉丰满，体质紧凑结实，公鸡胸肌发达，颈长腿高，尾羽高举，体态英俊威武。体型呈半梭形，头小，头皮薄而坚。脸狭长，毛细。冠呈瘤状，肉垂已不明显。喙短粗呈弧形。眼大，眼窝深，水彩为水白眼和豆绿眼，耳叶短小，斗鸡羽色种类较多，主要有黑色、红色和白色。胫呈肉色，无胫羽。四趾间距离宽，鸡冠有仙鹤顶和泰山顶两种。仙鹤顶又称花冠，泰山顶又称平冠。花冠又分大花冠、小花冠、肘花冠、三道梁冠、泥鳅冠、麦穗花冠等等。平冠又分大平冠、小平冠、疙瘩冠、柿饼冠。

成年公母鸡体重分别为 3.87 千克和 3.02 千克。斗鸡开产日龄较晚，一般 200~250 天，年产蛋 48 枚，最多 60 枚，蛋重 50~75 克，蛋壳呈暗红色，较厚，质地细密，不易破碎。公母比例 1:（4~5）。抱窝性每年一次，持续 15~30 天。

三、放养土鸡品种的选择

（一）适应性强，抗病能力强

放养和笼养相比，鸡所处的环境差。冬天没有保暖措施，自由野外活动导致接触病原体的几率增加。实践中也证实放养鸡除了呼吸道发病率低之外，其他疾病如球虫、白痢均不同程度地高于笼养鸡。因此在品种的选择上应当选择对环境、气候适应性强，抗病能力高的品种。

（二）体重较轻，体型适中

放养鸡的选择应当以中、小型鸡为主，选择那些体重较轻，体躯结构紧凑、结实，个体小而活泼好动，对环境适应能力强的品种。对于大型鸡种来说，体躯硕大、肥胖，行动笨拙，不适合于野外生活。

（三）活泼好动，觅食性强

放养的优点在于能够改善产品品质、节约饲料资源。野外可采食的物质包括昆虫和青草等，这些物质作为饲料资源一方面可减少全价配合饲料的使用，节约资金；另一方面其所含的成分能够改善鸡产品的品质。例如，提高蛋黄颜色，降低产品中胆固醇的含量。因此，要充分利用这些饲料资源，鸡只必须活泼好动，觅食能力强。

（四）产品畅销，价格高

绿色健康食品是目前消费的主流，在放养鸡的养殖中也应当遵循这一特点，着重选择那些能够提供优质产品、符合市场需求的品种。如在蛋鸡生产中饲养绿壳蛋鸡，其鸡蛋含有丰富的微量元素，且胆固醇含量低。在肉鸡的生产中又以选择屠体美观、肉质鲜嫩的仙居鸡等品种。由于不同地区消费者的嗜好不同，因此，不同地区应根据当地的消费习惯选择适宜的品种。

（五）散养的条件

有的人养殖土鸡是在果园，有的在林地、有的在草丛，因为这些散养的条件不一样，品种的选择也是有差异的。比如果园或者林地要选择腿比较细的、善于奔跑的土鸡，这类土鸡觅食能力和抗病能力都很强，但是成长速度比较慢，然而市场的售价也高。

总之，土鸡品种的选择非常关键，不仅要因地制宜，还要因时而异，选好土鸡的品种能让你年入百万，若是选错了，有可能亏本，甚至破产。

第二节　土鸡的人工孵化技术

一、种蛋的收集与管理

（一）种蛋的收集

种蛋的收集，目的是减少种蛋的污染和破损，提高孵化率。为此，应做好以下工作。

1. 做好鸡舍的环境卫生工作

平养时，产蛋箱和蛋箱垫料的卫生尤为重要，垫料每周换 1~2 次。垫料选择柔软、吸水性好的材料，如锯木屑、稻草、麦秸、碎玉米芯等。

2. 增加种蛋收集次数

勤收蛋可以减少种蛋破损，保持蛋面清洁。每天收蛋 3~4 次较为合理，过冷或过热的季节每天收蛋 5~6 次。平养时，每天最后一次收蛋后要关闭产蛋箱。

3. 减少窝外蛋

初产母鸡未经训练，产蛋箱不足或垫料潮湿、不清洁是造成窝外蛋的主要原因。窝外蛋很容易受到污染，而且会造成土鸡食蛋的恶癖。一般每 4~6 只鸡要配备一个产蛋箱，产蛋箱放置在光线较暗的地方，保证有充足的垫料，为产蛋创造舒适的环境。刚开产的青年母鸡，可以在产蛋箱中放置假蛋，引诱其进入产蛋箱中产蛋。

4. 减少笼养时蛋的破损

笼养时要注意笼底铁丝的粗细、弹性、坡度等要素。

5. 分类收集

收集种蛋时，把特大、特小、畸形、破损和污染严重的种蛋捡出，另外放置，不进入种蛋库。这样可以减少对其他种蛋的污染，而且大大节省种蛋选择的时间。

（二）种蛋的管理

种鸡场应及时收集种蛋，一般建议每天收集 4 次，以减小污染和破损。饲养管理员在收集种蛋 2 小时后应及时进行熏蒸消毒，然后立即将种蛋送到蛋库。送蛋过程中要防止种蛋夏季被暴晒、雨淋，冬季防冻。

1. 种蛋的贮存条件与时间

种蛋的贮存温度一般保持在 13～20℃ 范围，湿度一定要达到70%以上。对于鸡所产的早期种蛋，其个小，蛋壳厚，蛋白稠，存贮时间长些较好。而对中期种蛋，大小合适，蛋壳厚度、蛋白等都是最好的，贮存时间应短些。对后期种蛋，种蛋个大，蛋壳薄，蛋白稀，存贮时间应更短一些。建议贮存条件与时间见表 3-1。如果因为孵化生产的需要而延长存贮时间，则存贮温度应相应调低，保存时间一般不应超过一周，否则孵化率明显下降，而种蛋保存期超出 15 天后则几乎没有孵化的价值了。

表 3-1　种蛋贮存条件与时间

种鸡周龄	温度	湿度	时间（天）
25～35 周			4～6
36～50 周	18℃	70%以上	2～4
51 周后			1～3

当存贮时间超过 7 天，一般的存贮温度在 13～15℃ 为宜。

2. 种蛋的选择

（1）剔除不合格种蛋　污染蛋、破壳蛋、裂纹蛋一定要剔除，否则在孵化过程中会形成臭爆蛋（污染蛋、破壳蛋、裂纹蛋在孵化温度下容易腐败变臭，并爆裂）而污染其他种蛋和孵化器，得不偿失。剔除薄壳蛋、沙皮蛋和畸形蛋、钢皮蛋（蛋壳过硬的种蛋，雏鸡不易破壳），种蛋蛋壳厚度为 0.32 毫米左右最好。

（2）蛋重　一般鸡种蛋蛋重应为 45~65 克，种蛋的蛋形指数正常值为 1.3~1.35。

（三）种蛋的包装和运输

装运种蛋是良种引进、交换和推广过程中不可缺少的一个环节，孵化期应给予高度重视，否则将引起较大的经济损失。

1. 种蛋的包装

引进种蛋都需要对种蛋进行较长距离的运输，如果保护不当，往往会引起种蛋破损或卵黄系带松弛，气室破裂而使孵化率降低。种蛋最好采用规格化的种蛋箱包装，蛋箱要结实，能承受一定的压力，用纸格一个一个地隔开或用特制的纸蛋托，避免相互接触，以免碰撞。一箱可容纳 300 枚，装满后用胶带纸或打包带把箱口封好，便可装车运输。如果没有专用种蛋箱，也可用木箱或竹筐装运，这时可用废纸将蛋逐个包好，装入箱（筐）内，种蛋箱各层之间填充锯木面或刨花、稻草等垫料，种蛋箱以防撞击和震动，防止蛋与蛋的直接接触。不论使用什么种蛋箱，大头向上或平放，排列整齐，以减少蛋的破损。

2. 种蛋的运输

在种蛋的运输过程中，不管使用什么交通工具，都应注意防止日晒雨淋。因此，在夏季运输种蛋时，要有遮阴和防雨器具。种蛋冬季运输时注意保暖以防受潮，运输交通工具要求快速平稳，减少震动，搬运时轻装轻放，严禁猛烈震动，防止蛋黄膜破裂、系带折断等现象。运输种蛋的最好交通工具是飞机、火车、汽车等。种蛋运到后，应尽快开箱检查，剔除破损蛋，及时码盘、消毒、入孵。

（四）种蛋的保存

即使来自优良种禽又经过严格挑选的种蛋，如果保存不当，也会导致孵化率下降，甚至造成无法孵化的后果。因为受精蛋中的蛋胚，在蛋的形成过程中（输卵管里）已开始发育，因此，种蛋产出至入孵前，要注意保存温度、湿度和时间。

1. 种蛋保存的适宜温度

蛋产出母体外，胚胎发育暂时停止，随后，在一定的外界环境下胚胎又开始发育。当温度偏高，但不是胚蛋的适宜温度（37.8℃）时，则胚胎发育是不完全和不稳定的，容易引起胚胎早期死亡。当温度长时间偏低时（如0℃），虽然胚胎发育处于静止状态，但是胚胎活力严重下降，甚至死亡。据测定，鸡胚胎发育的临界温度是23.9℃，即当温度低于23.9℃时，鸡胚胎发育处于静止状态。但是一般在生产中保存种蛋的温度要比临界温度低。因为温度过高，给蛋酶的活动以及细菌的繁殖创造了条件。为了抑制酶的活性和细菌繁殖，种蛋保存适宜温度应为13~18℃。保存时间短，采用温度上限；时间长，则采用下限。

2. 种蛋保存的适宜相对湿度

种蛋保存期间，蛋内水分通过气孔不断蒸发，其速度与存储室里的湿度成反比。为了尽量减少蛋内水分的蒸发，必须提高存储室里的湿度，一般相对湿度保持在75%~80%。这样既能明显降低蛋内水分的蒸发，又可防止霉菌滋生。

3. 种蛋存储室的要求

环境温湿度是多变的，为了保证种蛋保存的适宜温湿度，需设种蛋库。其要求是：隔热性能好（防冻防热），清洁卫生，防沙尘，杜绝蚊蝇和老鼠。不让阳光直射和穿堂风（间隙风）直吹到种蛋上。

4. 种蛋保存时最好用有空调设备的种蛋存储室

种蛋保存2周以内，孵化率下降幅度小；若保存2周以上，孵化率下降明显。一般种蛋保存5~7天为宜，不要超过两周。温度在25℃以上时，保存不超过5天。温度超过30℃时，种蛋应在3天内入孵。原则上天气凉爽时保存时间可长些，严冬酷暑时，保存时间应短些。总之，在可能的情况下，种蛋入孵越早越好。

5. 种蛋保存期的转蛋和保存方法

保存期间转蛋的目的是防止胚胎与壳膜粘连，以免胚胎早期死亡。一般认为，种蛋保存1周内不必转蛋。超过1周，每天转蛋1~2次。尤其超过两周以上，更要注意转蛋。转蛋有利于提高孵化率。

种蛋保存一般大头向上，可防止系带松弛，蛋黄贴壳。后来试验发现，种蛋小头向上存放可提高孵化率。所以种蛋保存超过1周，采用种蛋小头向上不转蛋的保存方法，可以节省劳力。

二、种蛋的孵化

（一）种蛋孵化的条件

1. 温度

温度是孵化的首要条件，是影响孵化率最重要的因素。鸡孵化期为21天，鸡胚发育最适宜的温度为37.8℃，出雏温度37.3℃。夏季外界气温高时，孵化温度可降低0.28℃。

2. 湿度

孵化器内的相对湿度应经常保持在53%~57%，开始出雏时，提高到70%左右。湿度是否正常，可用干湿球温度计来测定。

3. 通风

（1）通风与胚胎的气体交换　胚胎在发育过程中除最初几天外，都必须不断与外界进行气体交换，而且随着胚龄增加而加强，尤其是孵化19天以后，胚胎开始用肺呼吸，其耗氧量更多。因此必须加强通风。

（2）孵化器中的氧气和二氧化碳含量对孵化率的影响　氧气含量为21%时，孵化率最高，每减少1%，孵化率下降5%。氧气含量过高孵化率也会降低，在30%~50%范围内，每增加1%，孵化率下降1%左右。大气中的含氧量一般为21%。孵化过程中，胚胎耗氧，排出二氧化碳，不会产生氧气过剩的问题，而是容易造成氧气不足。新鲜空气含氧气21%、二氧化碳0.03%~0.04%，这对于孵化是适宜的。一般要求氧气含量不低于20%，二氧化碳含量0.4%~0.5%，不能超过1%。二氧化碳超过0.5%时孵化率会下降，超过1.5%~2.0%时孵化率大幅度下降。只要孵化器通风系统设计合理，运转操作正常，孵化室空气新鲜，一般二氧化碳不会过高，应注意不要通风过度。

（3）通风与温、湿度的关系　通风换气、温度、湿度三者之间有密切的关系。通风良好，温度低，湿度就小；通风不良，空气不流畅，湿度就大；通风过度，则温度和湿度都难以保证。

（4）通风换气与胚胎散热的关系　孵化过程中，胚胎不断与外界进行热能交换。胚胎散热随胚龄的递增成正比例增加，尤其是孵化后期，胚胎代谢更加旺盛，产热更多，如果热量散不出去，温度过高，将严重阻碍胚胎的正常发育，甚至会被"烧死"。所以，孵化器的通风换气，不仅可提供胚胎发育所需的氧气、排出二氧化碳，还可使孵化器内温度均匀，驱散余热。

此外，孵化室的通风换气也是不可忽视的，除了保持孵化器与天花板有适当距离外，还应配备排风设备，以保证室内空气新鲜。

（二）孵化前的准备工作

1. 制订孵化计划

制订孵化计划，应根据自己的孵化设备条件、孵化出雏能力、种蛋供应能力及销售能力等具体情况而定，最好签订合同，办好手续。计划一经制订，非特殊情况不能随便改动，以便使整个工作有条不紊地进行。

孵化人员的安排，要根据实际情况及孵化技术水平，适当搭配，选出负责人。另外，要把费工费力的工作如上蛋、验蛋、落盘、出雏等工作错开。一般每 5 天孵一批，也有 7 天入孵两次，即 3 天入一批，4 天入一批，这样工作效率比较高。

2. 孵化设备及附属用品的准备

在孵化前几天，应把机器的每个系统逐一检查，校正各部件的性能，故障一经查出立即排除。例如，调节温度、控湿水银导电温度计至所需要的温度、湿度，达到所需温度、湿度时，看是否能切断电源；报警系统能否自动报警；蛋的前俯后仰角度是否达到45°等等。待各种调节系统均无异常，便试机 1~2 天，一切正常方可入孵。

3. 孵化设备的消毒

在种蛋入孵前几天，要把孵化器、孵化设备先用清水冲刷，再用0.1%的新洁尔灭溶液擦拭，然后以每立方米容积用福尔马林 42 毫升、高锰酸钾 21 克进行熏蒸。要求温度在 24℃ 以上、相对湿度 75%以上的条件下熏蒸 24 小时，然后开机门和进出气孔，驱散福尔马林蒸气。

4. 种蛋预热

可使胚胎发育从静止状态中逐渐"苏醒"过来，减少孵化器里温度下降的幅度，除去蛋表凝水，种蛋入孵前 4~6 小时或 12~18 小时，先在 22~25℃室温下进行预热，也有在入孵前 1~5 小时、38℃预热。预热可提高孵化率。

5. 码盘

手工操作将消毒后的种蛋小头朝下、大头朝上，这种放置称码盘。码盘时应气室朝上，防止将破蛋码入盘中。由于种蛋皮薄易破损，因此应轻拿、轻放，防止损伤蛋壳。

6. 验蛋

码盘后，马上验蛋。把码好的种蛋一盘盘放在一个验蛋架上，用照蛋灯逐个透视检查，把裂纹、破蛋及蛋内有异物的全部剔除。在透视检查时，要上下仔细观察，动作要轻，不能粗暴，否则人为造成破蛋，增加不必要的损失。

7. 入孵

入孵时间在下午 4~5 点进行。若不是整批上蛋，为使孵化器里新老胚蛋温度较均匀，应把种蛋交错放置，并标记符号，防止出错。

8. 孵化的日常管理工作

（1）查看温度　按照要求及孵化胚龄和室温高低，调整好正常温度范围。

（2）查看湿度　适当的湿度使孵化初期胚胎受热良好，孵化后期有利于胚胎散热，也有利于破壳出雏。因此要注意经常清洗或更换湿度计上的纱布条，防止钙盐沉积变硬，影响准确度，并定期向湿度计水管中注入蒸馏水或凉开水，以防止水干了，测不出湿度。

（3）照蛋　就是采用验蛋器的灯光，透视胚胎发育情况，及时捡出无精蛋、死胚蛋、破损蛋、臭蛋，同时观察胚胎发育是否正常，及时采取相应的措施，以利于提高孵化成绩。

（4）通风换气　入孵开机后，当孵化器温度达到标准时，应打开进出气孔通风，开始少开一些，逐渐全开，将风扇转速控制在每分钟 120 转为宜，要经常检查电机的发热程度，机器有无异常声响，还应注意孵化室内的通风换气，以保证室内空气新鲜，给胚胎的正常发育创造一个良好的环境条件。

（5）做好记录　值班人员还应做好各种记录，保持室内卫生整洁。

（三）种蛋的孵化方法

1. 天然孵化法

天然孵化法是我国广大农村家庭养鸡一直沿用的方法。这种方法的优点是设备简单、管理方便、孵化效果好，雏鸡由于有母鸡抚育，成活率比较高，但缺点是孵量少、孵化时间不能按计划安排，因此，只限于饲养量不大的农家使用。

（1）抱窝鸡的选择　要选择个体较大、健壮、温顺、抱窝性强的母鸡。

（2）抱窝地点及窝巢布置　将抱窝鸡放在箩、盆或木箱做成的窝巢内，窝内垫草，置于安静、避光、干燥、通风处，并要防止猫、鼠等的侵害。

（3）抱窝鸡的管理　首先对抱窝鸡进行驱虫。可用除虱灵抹在鸡翅下，然后视鸡体大小放置一定数量的种蛋，一般放 15~20 个，每天定时喂料、饮水和让鸡排粪。放出时间不宜过长，一般 20 分钟左右，为不使种蛋受凉可在窝上盖一覆盖物。如抱窝性强的鸡不愿离巢，一定要定时抓出，让其吃食、饮水、排粪。孵化过程中分别于第 7 天和第 18 天各验蛋 1 次，将无精蛋、死胚蛋及时取出，出壳后应加强管理，将出壳的雏鸡和壳随时拿走。为使母鸡安静，雏鸡应放置母鸡较远的保暖的地方，待出雏完毕、雏鸡绒毛干后皮下注射鸡马立克氏病火鸡疱疹病毒活疫苗（稀释后，每只 0.2 毫升），然后将雏鸡放到母鸡腹下让母鸡带领。出雏结束立即清扫、消毒窝巢。

2. 人工孵化法

（1）炕孵　北方地区大多利用火炕来孵。方法是在炕上铺垫料，烧火供暖，用不同厚度的覆盖物，棉被、毯子、布单，随孵化日龄增加，覆盖物换薄。翻蛋很艰难，一个蛋一个蛋一排一排翻，每天翻 4~6 次，如果有蛋盘，就方便多了。现在，大多数专业户在炕上铺上塑料水袋，袋内装上温水，暖炕和温水结合供温，可使温度平稳、均匀，容易控制，孵化效果更好。1~5 天内水温控制在 38.5~39.5℃，

6~10 天 38.2~38.8℃，10 天后 38℃。温度计可插在蛋中间，10 天前水温比蛋温高 1~2℃，10 天后水温和蛋温相等。每平方米炕面积可孵蛋 150~200 枚。

（2）平箱孵化法　平箱是用木板或纤维板制成的一个立柜式的孵化器，高 160 厘米、宽 100 厘米、深 100 厘米。下面供热部分砌成炉子式，可烧煤炭，也可用煤油灯或沼气供热，正面留门，烟囱可由箱中穿出，供热部和箱身连接处安置厚铁板，板上铺一层细沙或草木灰，形成隔热缓冲层，蛋放在箱内筛子里，要求箱内温度恒定。整个孵化器保持在 38~38.5℃。每个平箱可孵蛋 200~300 枚。

每天翻蛋 6~8 次，翻蛋同时调筛，每次筛时将最下层筛取出，依次将各层筛拿出，翻蛋后下移一层，最后将最下层筛放在最顶层。翻蛋的方法，是将筛中间蛋取出一部分，依次将外圈蛋往中心翻，最后将中心的蛋放在最外圈。下次先取出外围蛋，将蛋依次向内翻，最后将取出的蛋放到中间，每次翻蛋 90°。

平箱底部放水盘供温，控温 1~5 天时，38.5℃；6~17 天时，37.9~37.5℃。温、湿度计挂在箱门玻璃上。

（3）煤油灯孵化法　此方法简单易行，成本低，孵化效果好。先用木板做一个长 200 厘米、宽 100 厘米的箱子，箱壁是两层结构，厚 70 厘米，中间装填锯末或聚丙烯等物，箱内做 3 层木格，使蛋盘保持 40°倾斜。箱顶用棉被代替，箱正面开两个门，供通风和出雏用。在箱的两侧离地 15 厘米处，各有两根直径 3 厘米的管，管口各放一个煤油灯（可用罐头瓶做）。这 4 根铁管在箱内倾斜交叉向上，在对面上侧穿出，穿出处套一烟囱，孵化箱温度靠这 4 个铁管散出的热量来维持，通过调节煤油灯火力大小来调节温度。孵化箱底部设水盘箱，门上挂温、湿度计，按时调整温、湿度。该孵箱一次可孵蛋 400 枚，经济实用。

（4）温室孵化　要求温室保温良好，上有顶棚，下有混凝土地面，有里外间，这样保温好，消毒方便，温室的孵化量大，操作方便，通风良好。供温方式采用水平烟道或火墙，要求室温均匀，不漏烟，烟道设火门，火门开关可控制温度升降，室内搭木架，分层孵化。层次多少、孵化量大小，由房屋的面积和高度来决定。每隔 50

厘米一层，最上层离顶棚 70 厘米，下层离地 60~70 厘米。温室墙上挂温、湿度计，室温控制在 34~38℃。湿度要求 57%~70%。蛋面温度第 1 天 38.5℃，第 2 天后 38.5~38℃，第 17 天后将蛋上摊，这时室温为 34℃，蛋温 37.5℃，将要出壳的蛋放在最下层摊床上，准备出雏。

3. 机器孵化法

（1）温度　温度是人工孵化最根本的条件，温度的设定应根据胚胎发育的需要而定，因为种鸡品种的差异、孵化设备工作机理的不同以及环境条件的变化，孵化用温千差万别，但变化范围基本为 37.2~38.5℃。大量实践证明，在孵化生产中，变温孵化效果明显优于恒温孵化，这是因为变温孵化最适合胚胎发育的需要。

对于变温孵化，其温度设定都是前高后低，当环境温度为 22~27℃时，建议整批入孵变温孵化的最佳温度是：1~3 天为 38℃，4~7 天为 37.9℃，8~12 天为 37.8℃，13~15 天为 37.7℃，16~18 天为 37.6℃，出雏为 37~37.2℃。

而恒温孵化时，在环境温度为 20~27℃条件下温度可设定为 37.8℃。出雏温度设定在 37.2℃即可。

上述温度设定方案只是一个普遍适用的原则，在实际设定时要根据情况进行调整，在调整时要注意如下几个问题。

① 看胎施温。检查设定温度是否合适、是否能满足要求的最好办法，就是观察胚胎发育情况，也就是看胎施温。这需要进行经验的积累与沉淀。一般地，在孵化满 10 天和 17 天后应有 90% 以上的胚胎发育到合拢和封门，有经验的人员可用照蛋的办法检查并控制用温。

② 孵化温度的调整。在不同季节以及不同环境温度下一定要调整孵化温度，一般地，环境温度每高或低 2℃，设定温度就要减或加 0.1℃。

对不同周龄种鸡所产种蛋其孵化所需的温、湿度会有差别，因此入孵时，最好将相同的种蛋入到同一台孵化机中，用温时将刚开产种鸡所产种蛋的孵化温度提高 0.1℃左右。

③ 温度的校验。孵化过程中要定期对设备的显示温度、门表（一般是标准温度计）进行比对校准，确保用温准确。

④ 巷道机的使用。对于大型养鸡场，孵化生产最好使用巷道机，而对中小规模孵化生产用箱体机比较合适，拥有多台箱体机时也可采用分批入孵的方式组织孵化。孵化设备的说明书中，提供了容蛋量25 000 以上箱体机分批孵化方案。而对 19 200 或 16 800 容蛋量的箱体机则采用每 10 天入两车的办法分批入孵，即便采用恒温孵化施温方案，也能取得很好的孵化成绩，并且能达到节省电能降低生产费用的目的。

注意，没有上蛋的蛋车位要始终用装满空蛋盘的蛋车填充，否则会影响机内温度。

（2）湿度 湿度由孵化器门表内干湿温度换算求得，每小时观察记录 1 次。湿度高低与水盘多少、水温高低、水位高低及孵化室内环境湿度有关。湿度低时，可加水盘增加蒸发表面积，提高水温，降低水位，或在孵化室内地面洒水，改善环境湿度；也可以用热水浸透毛巾，搭在孵化器内的蛋架上，提高湿度。出雏时，应及时换水。目前，比较先进的湿度调节是自动调节，当机内湿度大时，自动报警，降低水分的蒸发；湿度小时，自动报警，增大水分的蒸发。

（3）翻蛋 增加翻蛋次数，可提高孵化率。目前机器孵化多是自动翻蛋，每小时翻蛋 1 次。手动翻蛋，动作要轻、稳、慢，并防止事故的发生。

（4）验蛋（照蛋） 验蛋的目的是检验胚胎发育是否正常，同时剔除无精蛋、死精蛋、死胚蛋和破蛋等。验蛋要求动作稳、准、快，尽量缩短验蛋时间。孵化人员验蛋放盘时，可根据机内不同的温度区及胚胎发育情况，趁机调整蛋盘，以便使胚胎发育一致，提高孵化率。验蛋的时间，一般是 5~8 天头照，18 天二照。大型孵化场由于验蛋工作量大，一般不进行二照。二照后进行移盘（称落盘）。

（5）移盘（落盘） 胚蛋孵至 19 天再移盘较为合适。具体掌握10%~20% 的胚蛋"打嘴"的时候，即胚蛋至 19 天时移盘，这样可提高孵化率。移盘要求动作轻、稳、快，尽量缩短移盘时间，减少破蛋。品种或品系多时应做好标记。

（6）拣雏 一般每隔 4 小时拣雏 1 次。也可在出雏 30%~40% 时拣第 1 次，60%~70% 时拣第 2 次，最后再拣 1 次。拣雏动作要轻、快，尽量避免碰破胚蛋。在第 2 次拣雏后，将空蛋壳及时拣出，防止蛋壳套在其他胚蛋上，引起闷死。拣雏时，不要将机门全部打开，以免出雏器里的温度、湿度下降过快，影响出雏。在出雏后期，可进行助产。雏在壳内无力挣扎时，用手轻轻剥开壳，分开粘连的壳膜，把鸡头轻轻拉出壳外，但不要把整个雏鸡都拉出来。

（7）清扫、消毒　全进全出制的出雏器，拣完雏后，应彻底清扫，然后用高压水冲洗，再用福尔马林熏蒸。分批次出雏的孵化器，也要清扫、冲洗和消毒，消毒方法可改用新洁尔灭溶液擦拭出雏盘、出雏器等。

（8）停电时的措施　大、中型孵化厂都应自备发电机，停电时，用自备发电机供电。最好备有两部，其中一部备用。小型孵化厂要事先与供电部门联系，提前得知停电时间及停电时间长短，以便采取供温措施，如准备火炉、暖气等。

停电时，注意机内各区域温度，必要时进行调盘，或手摇风扇叶转动，以使温度均匀。5 日龄胚蛋停电超过 4 小时，影响胚蛋发育，应把机门关好，并将室温提高到 30~32℃，及时检查蛋温。全进全出制 5 日龄胚以上或多批入孵制，将室温提高到 30℃，打开机门。胚龄小的要注意保温，胚龄大的注意散热。

（四）孵化过程中应注意的问题

1. 出壳的整齐度

根据落盘时的啄壳情况，总结并合理制定上蛋时间。在孵化技术掌握正常的前提下，由于种鸡产蛋周龄和种蛋贮存期之不同也会影响到出壳的整齐度。

为了提高出壳的整齐度，一般情况下，产蛋初期及后期的种蛋、贮存期超过 7 天的种蛋，应提前 6 小时入孵，上蛋后待孵化温度升到设定值时，以 28 毫升/米^3 福尔马林和 14 毫克/米^3 的高锰酸钾熏蒸20 分钟或开消毒灯 30 秒（避开已孵化 24~96 小时胚龄的胚蛋）。

整批入孵的，照蛋后在孵化机内（带种蛋）用 28 毫升/米^3 的甲醛和 14 毫克/米^3 的高锰酸钾熏蒸 20 分钟。

落盘：孵化到第 19 天落盘，挑出死胎。把胚蛋在孵化机内的上下前后位置，调到出雏机的下上后前位置上。落盘后，及时把孵化机内打扫干净，以 46 毫升/米³ 的甲酸熏蒸 20 分钟。

捡鸡：待大部分鸡出壳，有 5% 的颈后绒毛未干时开始捡鸡，清点好只数。详细记录，捡鸡后及时挑选鸡苗。分清健雏、弱雏。

存放：选雏结束后，把雏鸡放在通风良好、温度 25℃、湿度 50% 的环境下，并根据停放时间、脱水情况进行带鸡喷水。

扫摊：待出雏结束后，捡出毛蛋，清点好个数并详细记录，然后把出雏机彻底打扫干净待用。以上的几个操作要点中，动作都应做到轻、稳、快。

2. 孵化过程中的臭蛋

在孵化过程中，很容易产生臭蛋。臭蛋的危害很大，处理不当将严重影响孵化效益。下面就臭蛋的危害、形成、处理及预防四个方面作一简述。

（1）臭蛋的危害　臭蛋不仅污染环境影响孵化率，而且危害雏鸡健康。其危害机理主要是：臭蛋内容物含大量绿脓杆菌，臭蛋一旦爆裂，将内侵入正常种蛋内部繁殖，引起这些正常发育种蛋胚胎死亡、发臭，变成另一臭蛋污染源，再污染其他种蛋，形成恶性循环。另外，臭蛋内含有高浓度的硫化氢气体，散发在孵化室内，影响胚胎的呼吸代谢。如果室内硫化氢达到较高浓度，将造成胚胎窒息死亡，从而影响出雏率。

（2）臭蛋的形成　臭蛋的形成是细菌感染种蛋的结果。这些细菌多属假单孢菌属，主要是绿脓杆菌。臭蛋形成的原因主要有以下几个方面。

① 母鸡羽毛、脚、粪便、垫料及鸡舍设备污染了蛋壳，随着蛋产出后的迅速冷却，内容物收缩，附着在蛋壳上的细菌随之侵入蛋内繁殖。

② 破蛋、裂纹蛋及薄壳蛋，细菌很容易侵入蛋内。

③ 由于臭蛋的爆炸，污染同机孵化的种蛋。

④ 孵化用具消毒不严，污染孵化的种蛋。

（3）臭蛋的处理　孵化过程中，若发现臭蛋及被污染的种蛋应轻轻移出该孵化盘，取下没被污染的种蛋，码入另一消毒过的清洁盘中，插入孵化器内。臭蛋及被污染的种蛋装入密封容器内，清出孵化室；孵化盘用5%次氯酸浸泡24小时，彻底清洗后再用。

（4）臭蛋的预防　①为防止种蛋被污染，应做到及时捡蛋，最好每半到一小时捡蛋一次。

②严格挑选种蛋。脏蛋、破蛋、裂纹蛋、薄壳蛋不能入孵，禁止用湿抹布擦拭种蛋。

③搞好种蛋消毒。种蛋从鸡舍内捡出后，立即用高锰酸钾、福尔马林熏蒸20分钟后送入蛋库，上蛋后在孵化室内再熏蒸20分钟。

④照蛋，落盘时应及时发现并除去臭蛋、裂纹蛋。

⑤搞好孵化用具及孵化室的清洗消毒。孵化用具如蛋盘、出雏盘要用药液浸泡，冲掉蛋皮、蛋液和胎粪、黏液等污垢。出雏机出雏完要彻底消毒一次。孵化室地面每两天坚持用5%次氯酸钠或10%来苏尔消毒1次。

3. 提高种蛋孵化率的关键

（1）搞好种蛋运输

（2）加强种蛋储存管理

（3）不要忽视装蛋环节　孵化前装蛋应再次挑蛋，在装蛋时一边装一边仔细挑选，把不合格的种蛋挑选出来。种蛋应清洁无污染；蛋形正常，呈椭圆形，过长过圆等都不适宜使用；蛋的颜色和大小应符合品种要求，过小过大都不应入孵；蛋壳表面致密、均匀、光滑、厚薄适中，钢皮蛋、沙壳蛋、雏皮蛋、畸形蛋、破壳蛋和裂纹蛋等都要及时剔除。装蛋时应轻拿轻放，大头朝上。种蛋装上蛋架车后，不要立即推入孵化机中，应在20~25℃环境中预热4~5小时，以避免温度突然升高给胚胎造成应激，降低孵化率。为避免污染和疾病传播，种蛋装上蛋架车后，应用新洁尔灭或百毒杀溶液进行喷雾消毒。

（4）控制好孵化的条件　①温度。鸡胚对温度非常敏感，必须控制在一个非常窄的范围内。胚胎发育的最佳温度37.8℃，若温度过高，胚胎代谢过于旺盛，产生的水分和热量过多，种蛋失去的水分过多，可导致死胚增多，孵化率和健苗率降低；温度过低，胚胎发育迟缓，延长孵化时间使胚胎不能正常发育，也会使孵化率和健苗率降低。一般认为适宜的孵化温度是37.3~38℃。胚胎的发育环境是在蛋壳中，温度必须通过蛋壳传递给胚胎，而且胚胎在发育中会产生热量，当孵化开始时产热量为零，但在孵化后期，产热量则明显升高。因此，孵化机孵化温度的设定采取"前高、中平、后低"的方式，一般在第 1~10 天设定温度为 37.9~38℃，第 11~15 天设定为 37.8℃，第 16~18 天设定为 37.7℃。

② 湿度。胚胎发育初期，主要形成羊水和尿囊液，然后利用羊水和尿囊液进行发育。孵化初期，孵化机内的相对湿度应偏高，一般设定为 60%~65%，孵化中期孵化机内的相对湿度应偏低，一般设定为 50%~55%。

③ 通风换气。孵化机采用风扇进行通风换气，一方面利用空气流动促进热传递，保持孵化机内的温度和湿度均匀一致；另一方面供给鸡胚发育所需要的氧气和排出二氧化碳及多余的热量。孵化机内的氧气浓度与空气中的氧气浓度达到一致时，孵化效果最理想。研究表明，氧气浓度若下降 1%，则孵化率降低 5%。

④ 翻蛋。翻蛋可使种蛋受热均匀，防止内容物粘连蛋壳并促进鸡胚发育。在孵化阶段（0~18 天）通常采取翻蛋的措施，翻蛋频率以 2 小时 1 次为宜。对于孵化机的自动翻蛋系统，应经常检查其工作是否正常，发现问题要及时解决。

⑤ 出雏环节。通常情况下，孵化到第 18 天时，应从孵化机中移出种蛋进行照蛋，挑出全部光蛋和死胚蛋，把活胚蛋装入出雏箱，置于车架上推入出雏机直到第 21 天。出雏阶段的温度控制在 36.7~37.3℃；湿度控制在 70%~75%，因为这样的湿度既可防止绒毛粘壳，又有助于空气中二氧化碳在较大的湿度下使蛋壳中的碳酸钙变成碳酸氢钙，使蛋壳变脆，利于雏鸡破壳；同时，保持良好的通风，也可以保证出雏机内有足够的氧气。在第 21 天大批雏鸡拣出后，少量尚未出壳的胚蛋应合并后重新装入出雏机内，适当延长其发育时间。出雏阶段的管理工作非常重要，温度、湿度、通风等一旦出现问题，即使时间较短，也会引起雏鸡的大批死亡。

（5）孵化期胚胎死亡原因　鸡蛋在孵化期常出现胚胎死亡的现象，主要存在着两个死亡时间：第一个出现在孵化前期，鸡胚在孵化第 3~5 天，原因是 3~5 天胚龄正是胚胎生长迅速、形态变化显著时期，各种胎膜相继形成而作用尚未完善。胚胎对外界环境的变化很敏感，稍有不适，便影响一些弱胚的发育，甚至引起死亡。第二个出现在孵化后期，鸡胚在孵化第 18 天以后，原因是此时胚胎从尿囊绒毛膜呼吸过渡到肺呼吸的时期，胚胎生理变化剧烈、需氧量大、胚胎自身温度剧增，对孵化环境要求高，若通风换气不良、散热不好将会进一步加大胚胎死亡率。孵化期其他时间胚胎死亡，主要是受胚胎生活力的强弱影响。

① 前期死亡。种蛋的营养水平及健康状况不良。营养：主要是缺维生素 A、维生素 B_2、维生素 E、维生素 K 和生物素；疾病：感染白痢、伤寒；种蛋贮存时间过长，保存温度过高或受冻；种蛋熏蒸消毒不当；孵化前期温度过高或过低；种蛋运输时受剧烈振动；种蛋受污染；翻蛋不足。

② 中期死亡。种鸡的营养水平及健康状况不良。营养：维生素 B_2 或硒缺乏症，缺乏维生素时多出现水肿现象；疾病：感染白痢、伤寒、副伤寒、沙门氏菌、传支等；孵化：污蛋未消毒，孵化温度过高，通风不良。

③ 后期死亡。种鸡的营养水平差，如缺乏维生素 B_{12}、维生素 D_3、维生素 E、叶酸或泛酸、钙、磷、锰、锌或硒；蛋贮放太久；细菌污染；小头朝上孵化；翻蛋次数不够；温度、湿度不当；通风不足；转蛋时种蛋受寒；细菌污染。

④ 啄壳后死亡。若洞口多黏液，主要是高温高湿；出雏期通风不良；在胚胎利用蛋白时遇到高温，蛋白未吸收完，尿囊合拢不良，卵黄未进入腹腔；移盘时温度骤降；种鸡健康状况不良；小头向上孵化；头两周内未翻蛋；翻蛋时将蛋碰裂，18～21 天孵化温度过高，湿度过低。

⑤ 已啄壳但雏鸡无力出壳。种蛋贮放太久；入蛋时小头朝上；孵化器内温度太高或湿度太低或翻蛋次数不够；种鸡饲料中维生素或微量矿物质不足。

⑥ 温度偏低。孵化温度偏低，将延长种蛋的孵化时间，胚胎发育迟缓，气室偏小，胚胎死亡率相应增加，初生雏鸡质量下降。解剖死胚主要特征为全身贫血、胚膜和内壳膜粘连、尿囊充血、心脏肥大、卵黄呈绿色、残留胶状蛋白等。与一般条件下相比，温度不足时

较多和较明显地见到：头部皮下和颈部肌肉水肿，在许多情况下，有类似血肿的明显出血，在切开皮肤时，可见皮下有黏液的集聚。小鸡表现为：脐带愈合不好，体弱、站不稳，腹部膨大，在蛋壳中常见有残留未被利用的蛋白和胎粪。在孵化的任何日龄对胚蛋长久和强烈低温时，胚胎会进入特殊的假死状态，最终死亡。低温时对胚胎发育的影响与胚龄、持续时间和温度降低的程度密切相关，胚龄越小影响越大，持续时间越长影响越大。

⑦ 温度偏高。孵化温度偏高，在尿囊合拢之前的孵化温度偏高，能促进胚胎的生长和发育，但在尿囊合拢之后的高温会抑制胚胎的生长和发育。当孵化温度超过42℃，胚胎在2~3小时死亡，如头两天孵化温度过高，在第5~6天出现粘壳胚蛋较多，畸形增多；在第3~5天孵化温度过高，尿囊合拢提前；在长久的过热条件下，幼雏的啄壳和出壳提前开始，有时可提前到第18日龄，但出壳不整齐，出雏时间要拖长；若短期强烈温度偏高，尿囊合拢提前，尿囊血液呈暗黑色，解剖19日胚龄后的胚蛋可见皮肤、肝、脑和肾有点状出血，胚胎的错位增多，多为头弯在左翅下或两腿间。在孵化后期长时间温度偏高时，将使幼雏收脐未完全已出壳，出雏较早但出雏持续时间延长，破壳后死亡多，解剖可见卵黄囊大而未被吸入腹腔，剩余尚未被利用的黏稠的蛋白，色浅黄，头和足位置不正，皮肤、卵黄囊、心脏、肾脏和肠充血，肝多呈暗红色，充满血液。温度偏高所孵出的雏鸡一般表现为：体型瘦小，许多雏鸡脐环扩大，卵黄囊收缩不完全（钉脐）的比例增大。

⑧ 湿度过高。湿度过高，胚胎发育迟缓，胚蛋失重不足（1~18天正常失重率为10.3%~13.5%）。常见现象有胚蛋气室小、尿囊合拢迟缓、雏鸡精神不振、腹部膨胀、绒毛较长、脐部愈合不良，很多雏禽陆续死亡于出壳后1周之内。闷死在蛋壳里的幼雏，黏液包裹着幼雏的喙或从啄壳部位溢出，并迅速干固，从而使胚胎窒息死亡，或喙和头部绒毛与蛋壳粘连，使雏禽头部不能活动。啄壳时洞口黏液多、喙粘在壳上，剖解常见蛋中仍存留有羊水、尿囊液和未被利用的蛋白，卵黄呈绿色，胃、肠充满黏性的液体。

⑨ 湿度过低。湿度过低时，胚胎生长发育稍加快，出壳时间提

前，胚胎死亡率与相对湿度偏低的程度呈负相关，相对湿度越低，胚胎死亡率越高。蛋内水分蒸发过快，气室增大，啄壳部往往在靠近禽蛋的中央处（正常为1/3处），雏鸡表现为：体型瘦小，绒毛较短且干燥无光泽、发黄、有时粘壳，这些症状和过热的结果相似。剖解死胚可见羊水完全消失，绒毛干燥，卵黄黏滞。此外，由于缺少羊水的润滑作用，雏禽难于围绕蛋的纵轴翻转，小雏难于破壳出来，以使助产增多，在这样的情况下啄壳会导致尚未萎缩的尿囊血管机械性损伤而出血，常见蛋壳干燥，有出血的痕迹。

⑩ 通风不良。在孵化过程中，胚胎发育要不断进行气体交换，吸入氧气和排出二氧化碳气体。当孵化机内含氧量低于21%时，每降低1%的含氧量，孵化率将降低5%左右。含氧量高于21%，也会降低孵化率。若出现机内二氧化碳含量高于0.5%时（应保持在0.2%左右），将对孵化率产生影响，高于2%孵化率急剧下降，超过5%时，孵化率为零。通风换气、温度和湿度三者有密切的关系。通风换气增大时，对温度、湿度均为降低；通风换气不良时，机内外空气不流通，湿度增高，当环境温度增高时，易出现超温，冷却频繁，对温度场均匀性有影响。通风换气与胚胎二者之间也有密切的关系，在孵化过程中，胚胎除了与外界不断进行气体交换外，还不断与外界进行热能交换。尤其在孵化后期，胚胎代谢热随胚龄不断增大，如果热量散不出去，机内集温过高，将严重影响胚胎正常发育，以至引起胚胎死亡率加大。例如，入孵第19天产生的热量是第4天的230倍左右。因此，在孵化过程中，一定要做好室内和孵化器的通风换气。通风不良主要导致胚胎发生氧饥饿，当胚胎在严重氧饥饿条件下呼吸停止和二氧化碳在体内积聚。低浓度氧气对胚胎死亡率的影响：作用时的胚龄越大，死亡率越高；作用时间越久，死亡率越高。解剖常见胎位异常增多，足盘在头颈部上面，啄壳部位多在中腰线或小头啄壳，羊水中有血液、内脏充血、尿囊血管充满血液，皮肤和其他器官充血、出血与急性过热相似。雏鸡出壳不集中，雏鸡不能站立。

⑪ 翻蛋不正常和翻蛋不够。翻蛋不正常和翻蛋不够，蛋黄粘于壳膜上，合拢时尿囊不能包围蛋白，到后期影响蛋白的吸收。翻蛋不够表现为：产生更多的缺陷鸡（如跛脚、蛋白吸收不良等），早期的

死亡增多，如后期翻蛋过多，同样会增加胚蛋的死亡率。

前期鸡胚死亡的主要原因是种蛋质量不好和内源性感染，中期主要是营养不良，后期主要是孵化条件不良所致。养殖户应对症下药，加强管理，积极预防，以取得最大的经济效益。

第四章
了解土鸡营养需求并补充全价日粮

第一节　土鸡的消化特点

土鸡和其他鸡一样，有其特殊的消化器官。消化系统由口腔、食道、嗉囊、腺胃、肌胃、小肠、大肠和泄殖腔组成。

1. 喙

鸡没有牙齿，但有坚硬的喙。

2. 口

没有嘴唇、软腭、面颊和牙齿，饮水时不能将水吸入口中，必须抬起头使水借助重力流入食道，没有吞咽动作。口中的腺体可分泌含淀粉酶的唾液，但是食物在口中的通过速度很快，所以食物在口腔内发生消化的机会很小。

3. 嗉囊

作用是贮存食物，嗉囊没有消化功能，但口腔分泌的唾液可在嗉囊继续对食物进行消化。

4. 腺胃

腺胃也称真胃或前胃。腺胃中的腺细胞呈突起状，也称腺胃乳头。腺细胞分泌的胃液中含有消化蛋白质的胃蛋白酶以及盐酸，消化液通过腺胃乳头的小孔进入腺胃。由于食物通过腺胃的速度较快，所以在腺胃中的消化量很少。胃液中的酶可以在食物进入肌胃后发生消化作用。

5. 肌胃

肌胃也称沙囊，内有很厚的黏膜，有两对强有力的肌肉能发出强大的力量，对食物起到磨碎的作用。

6. 肠道

鸡的肠道很短，饲料消化利用很不完全。小肠壁可以分泌少量酶对蛋白质和糖类进行消化。盲肠的确切作用还不十分清楚，不过对食物的消化作用不大。盲肠内有一些细菌的活动，似乎与鸡的免疫力有关。大肠的作用是重新吸收水分以增加鸡体细胞中的含水量和保持体内水平衡。

7. 泄殖腔

是消化道、尿道和生殖道的公共出口。

8. 肝脏

分两大叶，其功能之一是分泌胆汁。胆汁是含有胆汁酸的黄绿色液体，胆汁进入十二指肠的下段，主要帮助消化脂肪。胆汁内不含消化酶，其主要作用是中和食糜的酸性并使脂肪乳化，从而促进其消化。

第二节　放养土鸡的营养需求

鸡的营养需求主要包括蛋白质、脂肪、碳水化合物、维生素、矿物质、水等。土鸡散养时，无论是天然饲料，还是人工补料，对这些营养成分都是必需的。

一、蛋白质和氨基酸

蛋白质是土鸡生命活动中不可缺少的物质，是细胞的重要组成部分，也是体内功能物质的主要成分。蛋白质还可以转化为糖类和脂肪，为机体提供或者贮存能量。蛋白质是由氨基酸组成的，氨基酸的主要元素是碳、氧、氢、氮。一般测定饲料中蛋白质的含量都是测定饲料中的含氮量，再乘以 6.25 的系数，就得到蛋白质含量。因为饲料中还有其他的含氮物质，因此这样测得的蛋白质又称为粗蛋白。饲料蛋白质被家禽采食后，首先在胃中分解为蛋白胨，进入小肠后被胰蛋白酶和小肠蛋白酶分解为肽，最终分解为各种氨基酸而被吸收。

（一）必需氨基酸

指鸡体不能合成或合成量不够土鸡生长生产的需要，必须由饲料供给的氨基酸，包括蛋氨酸、赖氨酸、异亮氨酸、精氨酸、色氨酸、苏氨酸、苯丙氨酸、组氨酸、颉氨酸、亮氨酸、甘氨酸。

（二）非必需氨基酸

机体能自身合成的，不必由饲粮供给的氨基酸，除必需氨基酸以外的其他氨基酸。

在给土鸡配合饲料中除了要提供足够的蛋白外，还要保证蛋白质中氨基酸含量的合理，也就是说蛋白质中氨基酸的含量与土鸡生长发育所需的氨基酸比例一致。蛋白质过多不仅造成浪费还有可能使机体功能紊乱，出现中毒。蛋白质含量过低则容易导致发育迟缓，体重下降，甚至导致死亡。

在生态土鸡的放养中，应注意蛋白质抗营养因子的存在，饲料中的该因子一般在原料加工过程中就消除了，而天然环境中的，需要去除含有抗营养因子的杂草。

二、碳水化合物

碳水化合物是土鸡生长的重要能量来源，主要是由碳、氢、氧元素组成，包括淀粉、糖类和粗纤维。淀粉和糖是重要的能量来源，还可以作为合成脂肪的原料。粗纤维可以促进胃肠蠕动，缺乏容易引起便秘，过多会降低饲料的营养价值。一般土鸡日粮中的粗纤维含量不能超过5%。

三、脂肪与必需脂肪酸

脂肪是鸡体细胞的重要组成成分，如神经、血液、肌肉、骨骼、皮肤等都含有脂肪，又是鸡蛋的组成成分，约占蛋重的10%。脂肪是脂溶性维生素（维生素A、维生素D、维生素E、维生素K）和激素（雌素酮、雄素酮等）的溶剂，这些维生素和激素只能溶解在脂肪中。所以它在鸡体内的吸收和利用，都要借助于脂肪来完成；脂肪还有固定脏器、防止机械损伤的作用。

鸡可将体内的碳水化合物转化为脂肪，不需要饲料供给，但有些脂肪酸必须由饲料供给，不能在体内合成，称为必需脂肪酸。亚油酸和亚麻油酸最重要，一般加2%植物油就不会缺乏。

脂肪不足时，会引起生长迟缓、性成熟延后、产蛋率下降等。相反，脂肪过多则会引起食欲不振、消化不良、下痢等。由于一般饲料中都含有一定数量的粗脂肪，且饲料中的粗蛋白质和碳水化合物还有一部分可转化为脂肪，所以在土鸡饲粮中，一般不另外添加脂肪。

四、矿物质

矿物质是土鸡营养中的无机营养素，是鸡骨骼、羽毛、血液等组织不可缺少的部分。一般放牧的时候不容易缺乏，但是假如地方性缺乏，则容易缺，比如缺硒、钴等，需要在饲料中补充。

在土鸡体内含量不小于0.01%的矿物质称为常量元素，包括钙、磷、钠、钾、镁、氯、硫等，含量小于0.01%的矿物质称为微量元素，包括铜、铁、锰、锌、硒、碘、钴等。

（一）钙和磷

钙、磷是鸡需要量最多的两种矿物质元素，二者约占体内矿物质元素总量的70%左右，它们主要构成骨骼。另外钙还是蛋壳的主要成分，还参与神经传导、肌肉收缩、促进血液凝固等。磷也是构成蛋壳和蛋黄的原料，磷还参与体内能量代谢、钙的吸收利用以及维持酸碱平衡。缺钙、磷时，雏鸡出现生长停滞，逐渐消瘦，容易出现异食癖；成鸡易发生佝偻病、软骨病、骨质疏松症，产蛋率下降，产薄壳蛋或软壳蛋。

不同生长阶段的鸡对钙、磷的需要量是不同的，一般鸡开始产蛋后对钙、磷的需要量随产蛋率增加而增加，特别是钙，一般产蛋鸡饲粮中钙的含量为3.0%~4.0%。但也不是含钙量愈多愈好。如超过需要量，则影响鸡对镁、锰、锌等元素的吸收，对鸡的生长发育和生产也不利。钙、磷在贝粉、石粉、骨粉等矿物质饲料中含量丰富，因此，在配合饲粮时，要注意添加含钙、磷量多的矿物质饲料。植物性饲料中的磷，鸡只能利用30%左右。

钙和磷有着密切的关系，在一般情况下，钙、磷的正常比例应为1.2∶1，产蛋鸡为4∶1或更宽些。另外，在配合饲粮中，如果饲粮中维生素D缺乏，会影响钙、磷吸收。即使饲粮中钙、磷充足且比例适当，鸡也会出现一系列缺乏钙、磷的症状。

（二）镁

镁在鸡体主要存在于骨骼中，此外镁还分布于软组织和细胞外液中。镁参与蛋白质合成，可调节神经和肌肉的兴奋性，又是一些酶类的活化剂。缺乏镁时，鸡生长发育不良。但过多则扰乱钙、磷平衡，导致下痢。在一般情况下，饲粮中应含镁 200～600 毫克/千克饲料。植物性饲料中镁的含量丰富，一般饲粮中的含镁量可以满足鸡的需要。

（三）硫

鸡体内含硫约为 0.15%，以含硫氨基酸的形式参与羽毛、喙、爪等角质蛋白的合成，还参与碳水化合物代谢。饲料中一般都含有丰富的硫，不需要另外补充。硫缺乏时土鸡出现生长缓慢、羽毛蓬乱、脱羽等。

（四）钾、钠、氯

它们都是体内的电解质，主要作用是：维持细胞渗透压的稳定和调节酸碱平衡，参与水的代谢。此外，钾还参与蛋白质和糖的代谢，并具有促进神经和肌肉兴奋性的作用。缺钾时，鸡食欲减退，精神萎靡，甚至出现弛缓性瘫痪。一般情况下饲料中含有丰富的钾，可以满足鸡的需要。放养土鸡中应注意适当添加食盐，以补充钠和氯，缺乏容易形成啄癖，过量容易出现食盐中毒。一般添加量为 0.3%左右。

（五）铁

铁在机体内以有机化合物形式存在，如血红蛋白、肌红蛋白、细胞色素和多种氧化酶等。主要参与氧和二氧化碳的转运，还与鸡体造血机能、羽毛色素的形成及生长发育有着密切关系。土鸡缺铁时会发生贫血、发育不良、产蛋率下降。一般饲粮中含铁 40～80 毫克/千克，可满足鸡生长需要，若饲粮中缺铜或维生素 B_6，则影响铁的吸收利用，易发生铁缺乏症。

（六）铜

铜主要作为酶的成分参与体内代谢，还参与机体造血过程、促进铁在肠道吸收、血红蛋白合成与红细胞的生成，还参与骨的形成，维持血管弹性等。鸡对铜的需求很少，约 4 毫克/千克饲粮。土鸡雏鸡缺铜时会出现共济失调、骨质疏松、被毛粗乱等症状，成鸡出现贫血、羽毛褪色、瘫痪等。高铜暂时会有促生长作用，但长时间会造成黄疸，甚至死亡。

（七）锌

锌分布在鸡体的肝、肾、肌肉、骨、皮毛等组织中，是鸡体内多种酶类、激素和胰岛素的组成成分。其主要功能是：参与碳水化合物、蛋白质和脂肪的代谢，骨胶原的合成，与胰岛素形成复合物，利于其发挥作用，还与皮肤和羽毛的生长密切相关。一般鸡饲粮应含锌 35~65 毫克/千克，锌在鱼粉、肉骨粉和糠麸中含量较多，一般配合饲料中的锌可以满足土鸡生长需要。缺锌时，土鸡表现为生长发育缓慢，羽毛生长不良，诱发皮炎，尤其是趾上出现鳞片，有时出现啄癖。产蛋期鸡产蛋量减少，出现畸形蛋。含锌过多，会影响铁和铜的吸收利用，如果超过需要量的 10 倍以上，可出现中毒反应，鸡生长受阻，免疫力降低，严重的会引起死亡。

（八）锰

锰存在于鸡体内的血液、肝脏及其他组织、骨骼中，主要是抗氧化作用，参与碳水化合物、蛋白质和脂肪的代谢，增加骨的强度。一般鸡饲粮约需要含锰 55 毫克/千克，在谷物、饼类、糠麸、鱼粉等饲料原料中都含锰。但一般满足不了需求量，需要另外添加，在饲料中可添加硫酸锰 242 克。缺锰时鸡容易患骨短粗症或"滑腱症"，表现为胫骨与跖骨接头处肿胀，使腓肠肌腱从骨踝滑出，严重时病鸡不能站立，甚至死亡；成鸡缺锰会导致产蛋量减少，蛋壳变薄，产畸形蛋。鸡对过量的锰有较强的耐受性，据试验表明，锰超过需求量 20 倍，短时期无明显中毒现象。

（九）硒

硒存在于鸡体内的肾、肝、肌肉等器官组织的细胞中，主要功能是抗氧化和保护细胞膜不受氧化损伤，还可以影响蛋白质的合成，促进脂类的吸收，增加免疫等作用。一般饲料约含硒 0.1 毫克/千克，需要额外补充硒，特别是在一些缺硒的地区。缺硒时，鸡生长发育受阻，肌肉营养不良，出现明显的白色条纹，俗称"白肌病"，还可以引起鸡免疫力下降，产蛋期产蛋下降。硒的某些作用与维生素 E 具有交叉性，一般饲料中可添加亚硒酸钠维生素 E。

（十）碘

碘主要存在于鸡体内的甲状腺，并参与甲状腺的合成。一般饲料中约含碘 0.3 毫克/千克，需要额外添加。缺碘时会影响甲状腺的合成，出现甲状腺素缺乏症。主要表现为：畏寒，脂肪沉积加快，严重时出现甲状腺肿大。过量时，病鸡易脱毛，易患各种传染病。

（十一）钴

钴存在于鸡体内的肝、肾、骨等组织器官中，是维生素 B_{12} 的组成成分之一，是鸡生长发育和维持健康不可缺少的元素之一。大多数饲料均含有微量的钴，一般可以满足鸡的营养需要，不需要另外添加。饲粮中缺钴和缺维生素 B_{12} 症状相同，引起贫血症。

五、维生素

维生素是机体内不可缺少的一种特殊的营养物质，大多数维生素在鸡体内不能合成，需要由饲料提供。维生素都有其特殊的功能，缺乏会引起不同的症状。过多一般无毒性作用。根据维生素亲水、亲脂不同，维生素可分为水溶性（B 族维生素、维生素 C）和脂溶性维生素（维生素 A、维生素 D、维生素 E、维生素 K）两种。

（一）维生素 A

维生素 A 是脂溶性维生素的一种，包括视黄醇、视黄醛、视黄酸等，是鸡维持视觉功能和维持消化道、呼吸道、肠道等黏膜结构的完整、骨骼生长等所必需的物质。鸡的维生素 A 的最低需要量一般在 1 000～5 000 国际单位，主要来源于动物性饲料中（如鱼肝油等），而植物性饲料（如青菜、玉米、胡萝卜等）中含维生素 A 原，在鸡体内可转化为维生素 A。维生素 A 缺乏会导致夜盲症，土鸡雏鸡出现精神萎靡、生长迟缓、逐渐消瘦、干眼症、免疫力下降等；成年鸡表现为鸡冠发白，眼、鼻中流出水样分泌物，上下眼睑连在一起，严重的引起失明。母鸡产蛋率下降，公鸡出现精液质量下降，种蛋质量下降。维生素 A 过量（超过 50 倍以上）易引起鸡中毒，引起神经症状。维生素 A 在空气中容易被氧化破坏，注意豆类应炒熟后使用，全价料不宜长久存放，并注意防止霉变。维生素 A 缺乏时可按维生素 A 正常需要量加大 3 倍拌料内服，如鱼肝油、维生素 AD$_3$等，一般见效比较快。

（二）B 族维生素

B 族维生素属于水溶性维生素，种类广泛，主要包括以下几种。

1. 维生素 B$_1$

也叫硫胺素（也叫抗神经炎维生素、抗脚气病维生素）在鸡体内参与乙酰胆碱的合成，参与碳水化合物的代谢。一般饲料中可满足需要，但当饲料中的硫胺素遭到破坏时，可引起缺乏症。缺乏时会引起外周神经紊乱，典型雏鸡症状是头向背后弯曲呈"观星"姿势。还伴有生长发育不良、采食减少、羽毛蓬乱、腿无力、步态不稳。成鸡发病鸡冠常呈蓝紫色，以后逐渐出现神经症状，严重的全身衰竭死亡。

2. 维生素 B$_2$

也叫核黄素。参与能量和蛋白的代谢，参与氧化还原反应。一般动物性饲料和青饲料中含量很高，不容易缺乏，但易被碱、光等因素破坏。缺乏时雏鸡的典型症状为足跟关节肿胀，趾内向弯曲，甚至引起腿完全麻痹、瘫痪（蜷爪麻痹症）；成鸡缺乏时，会引起蛋的品质下降，影响受精率。

3. 维生素 B$_6$

是吡哆醇、吡多醛、吡哆胺的总称，参与氨基酸的合成与代谢，参与碳水化合物和脂肪的代谢。在谷物、豆类、种子外皮中含量比较丰富，雏鸡容易缺乏。缺乏时，会出现发育受阻，脱毛、皮炎，有时出现神经症状，成鸡产蛋率下降，孵化率降低。

4. 维生素 B$_{12}$

也叫氰钴胺素、钴胺素，在体内参与核酸和蛋白质的生物合成，与维生素 B$_{11}$的作用相互联系。鸡需要在饲料中补充维生素 B$_{12}$，一般在动物性饲料和微生物发酵饲料中含量丰富。缺乏时引起鸡出现贫血，生长发育不良。

（三）维生素 C

维生素 C 又名抗坏血酸，参与体内氧化还原反应及体内其他代谢，参与胶原蛋白的合成，维持细胞间质的正常结构，具有解毒作用和有抗氧化作用。一般情况下，饲料可以满足体内维生素 C 的需要，但当发生热应激、疾病等情况时，需要补充。缺乏时容易患坏血病，伴有生长发育不良，出现水肿等症状。

（四）维生素 D

维生素 D 又名抗佝偻病维生素等，是脂溶性维生素的一种，常见的两种主要形式是麦角钙化醇即 D_2 和胆钙化醇 D_3。维生素 D 的主要生理功能为调节钙和磷代谢。一般饲料中含维生素 D 较少，干草中含量多，需要额外补充。缺乏时雏鸡的成骨作用会发生障碍，出现佝偻症和软骨症，伴有发育不良，生长受阻；成鸡发生软骨症，蛋壳变薄，产蛋率下降。过量的维生素 D 能引起血钙过高，使多余的钙沉积在心脏、血管等地方，导致心力衰竭，甚至死亡。

（五）维生素 E

维生素 E 又名生育酚、抗不育维生素，属于脂溶性维生素，是一种生物抗氧化剂，与硒有协同作用，可以阻止脂肪酸和其他易氧化物的氧化，保护生物膜的完整，维持红细胞和毛细血管的稳定与完整等。维生素 E 还可促进性腺发育，提高鸡的免疫力，提高产蛋率。一般青饲料和谷类饲料富含维生素 E，但应激状态时，需要饲料补充。缺乏时，主要引起肌肉发育不良，典型症状为"白肌病"，长期缺乏，病鸡会出现瘫痪和脑软化症，最后心力衰竭而死亡。

（六）维生素 K

维生素 K 又名凝血维生素或抗出血维生素，是脂溶性维生素的一种，其主要生理功能是促进肝脏合成凝血酶和凝血因子，并激活从而参与凝血过程。一般体内可以合成，不需要饲料中添加。但是在鸡断喙的时候需要添加。缺乏会导致血凝不良，出现皮下紫斑，过多会引起贫血。

六、水

水和其他营养物质一样，是土鸡生长发育所不可缺少的物质之一。主要功能是鸡体内良好的溶剂，可以转运和排泄废物；是机体重要组成部分，可以和蛋白质形成胶体，维持细胞组织形态；是许多生化反应的介质，如水解、氧化还原反应等；调节体温和润滑体内各器官的作用。生态养鸡必须保证水的充足供应，并保证水源的卫生。缺水时，会导致代谢紊乱，甚至死亡。

第三节　土鸡的常用补充饲料

散养土鸡的饲料来源非常广泛，分为天然饲料和辅助补饲饲料。天然饲料必须是不施加任何化肥、农药的，如放牧的山坡或果园。种植的补饲饲料也必须按照有机食品生产的要求操作；辅助补饲饲料生产过程中严禁添加各种药物添加剂和生长激素。根据饲料原料的营养特性可以分为三大类：能量饲料、蛋白质饲料、矿物质饲料。

一、能量饲料

能量饲料是指饲料干物质中粗纤维少于 18%，粗蛋白少于 20% 的饲料。主要包括谷实类、糠麸类，以及富含淀粉的根、茎、瓜果类，还有油脂和糖蜜类，及一些外皮较少的草粉籽实类。能量饲料是土鸡能量的主要来源，占日粮比例的 50%~80%。

（一）玉米

玉米是最常见的能量饲料，其纤维含量少、适口性强、消化率高、能量高，但蛋白含量比较低。根据《中国饲料成分及营养价值表》（第 24 版），玉米对鸡的代谢能平均为 13.31 兆焦/千克，是土鸡的主体能量饲料。玉米中的脂肪含量达 3.5%~4.5%，消化率达 90%~94%，其脂肪中亚油酸约占 59%，玉米在鸡的日粮中搭配 50%，就能满足亚油酸的需要量。玉米蛋白仅含 8.6%，蛋氨酸、赖氨酸和色氨酸的含量比较少，需要另外补充。黄玉米中含较高的胡萝卜素和叶黄素，有利于土鸡皮肤和喙、爪的着色，含维生素 E 较高，不含维生素 D 和维生素 B_{12}。玉米中含磷高，但利用率低。

（二）高粱

去皮高粱能量约为玉米的 80%，粗蛋白含量平均约为 10%，赖氨酸、色氨酸、苏氨酸和组氨酸的含量较低，含维生素和玉米相似，高粱中含有丹宁酸，口感比较差，喂量不宜过多，一般 5%～10%。

（三）小麦

小麦能量略低于玉米，粗蛋白含量约 12.1%，氨基酸比其他谷类完善，B 族维生素也丰富，一般在玉米价格较高而小麦价格相对较低的时候使用较多。

（四）小米

能量与玉米相近，蛋白含量为 13.1%，其他营养与高粱相似，但适口性好。

（五）稻米

其能值约为玉米的 70%，粗蛋白含量为 6.8%，赖氨酸和蛋氨酸的含量也较玉米低，稻谷去壳后加工成的碎大米代谢能接近玉米的代谢能，粗蛋白含量也可提高，而且易消化，便于鸡苗啄食，可在日粮中适当添加。

（六）其他谷实类

主要是指大麦、燕麦等，适量搭配使用，可增加日粮的饲料种类，调节营养特质平衡。

（七）米糠

米糠是大米加工的副产品，其代谢能约为 10.7 兆焦/千克，粗蛋白含量约 13%，粗脂肪含量为 15%～16%，米糠中因脂肪含量高，贮藏时要注意保管，以免发生酸败变质。

（八）麸皮

也叫小麦麸，其代谢能为 6.8 兆焦/千克，粗蛋白含量为 14.4%，粗纤维含量达 9.2%，赖氨酸含量较高，蛋氨酸含量低，维生素中胡萝卜素和维生素 D 含量少，B 族维生素丰富。一般饲料中可以少许添加。

（九）油脂

分为动物性脂肪和植物性脂肪，植物油代谢能为 34.3～36.8 兆焦/千克，动物性脂肪为 29.7～35.6 兆焦/千克。饲料中添加油脂，可以提高能量。特别是在炎热的夏季，适量添加可以提高饲料浓度。一般添加量为 1%～3%。

二、蛋白质饲料

蛋白饲料是指在干物质中，粗纤维含量低于 18%，同时粗蛋白含量在 20% 或以上的饲料，包括豆类、饼粕类、动物性饲料类及其他。

（一）豆饼（粕）

大豆籽实提取油后的残渣，因榨油工艺不同，可分为豆饼和豆粕两种。用压榨法加工的副产品叫豆饼，用浸提法加工的副产品叫豆粕。豆饼（粕）中含粗蛋白质 40%～45%，经加热处理的豆饼（粕）是鸡最好的植物性蛋白质饲料。一般在饲粮中用量可占 10%～30%。虽然豆饼中赖氨酸含量比较高，但缺乏蛋氨酸，故与其他饼粕类或鱼粉配合使用。注意不能用生豆饼喂鸡，因为其含有抗营养因子，加热可以被破坏。

（二）花生饼（粕）

花生饼中粗蛋白质含量略高于豆饼，为 42%～48%，口感好，土鸡喜食，但蛋白品质较差，精氨酸含量高，赖氨酸含量低，其他营养成分与豆饼相差不大，与豆饼配合使用效果较好，一般在饲粮中用量可占 15%～20%，不宜做土鸡的唯一蛋白饲料。花生不宜生喂，应进行加热处理。花生饼脂肪含量高，贮存时易染上黄曲霉菌，霉变的不能喂鸡。

（三）葵花籽饼（粕）

优质的脱壳葵花籽饼粗蛋白质含量可达 40% 以上，蛋氨酸含量比豆饼多 2 倍，粗纤维含量在 10% 以下，B 族维生素含量也比豆饼丰富，且容易消化。但目前完全脱壳的葵花籽饼很少，其粗纤维量大于 18%，按国际饲料分类原则不属于粗饲料。一般可添加 5%～15%。

（四）芝麻饼（粕）

芝麻榨油后的副产品，含粗蛋白质 40% 左右，蛋氨酸含量高，适当与豆饼搭配喂鸡。一般在饲粮中用量可占 5%～10%。

（五）菜籽饼（粕）

蛋白质含量约38%，营养含量丰富，含有较多的钙、磷、硒和B族维生素，但适口性差，且含有硫葡萄苷，容易产生对鸡有害的物质。需加热处理去毒才能作为鸡的饲料，一般在饲粮中含量占5%左右。

（六）棉籽饼（粕）

一般其含粗蛋白质33%左右，粗纤维含量较高，且含有棉酚，宜单独作为鸡的蛋白质饲料。棉籽饼粕经去毒后，可与豆饼、花生饼配合使用效果较好，饲粮中一般不超过4%。

（七）鱼粉

鱼粉是鸡理想的动物性蛋白饲料，优质鱼粉蛋白为55%左右，含有丰富的氨基酸、维生素和钙、磷等营养物质。但价格高，且容易带病菌（沙门氏菌），饲喂后有一定的腥味。一般用量为3%~7%，且在土鸡上市的2周前停喂。

（八）昆虫

包括蝉蛹、黄粉虫、蚯蚓等，这些昆虫含蛋白质60%左右，且营养丰富，可以让鸡在自然的环境中自由采食。补饲饲料中添加不超过5%。

（九）血粉

屠宰牲畜的血液经干燥后制成的产品，粗蛋白含量在80%以上，含有较高的赖氨酸，但适口性差，消化率不高，可以添加1%~3%。

（十）肉粉

包括肉骨粉，是屠宰后牲畜的废弃体脏加工而成的，含蛋白质30%左右，钙磷含量较高，一般添加小于5%。

（十一）羽毛粉

是各种家禽的羽毛经水解后得到的产品，其蛋白质含量在80%以上，适当添加可以防止鸡的啄羽癖，但其氨基酸含量不平衡，蛋白品质较差，适口性也差。一般添加不超过3%。

三、矿物质饲料

矿物质饲料是为了补充土鸡在自然环境中采食后，不能满足体内所需的矿物质元素，需要补饲来满足。

（一）补钙

主要是补充贝壳粉和石粉，石粉是天然的石灰石（碳酸钙）粉碎而成，含钙 34%～38%。贝壳粉是由贝壳粉碎而成，含钙 30%～37%，是良好的钙质饲料。一般根据鸡的不同生长期添加量也不同。

（二）补磷

主要是骨粉和磷酸氢钙，骨粉含磷 10%～15%，含钙 24%，只要杀菌彻底，可以安全使用，用量为 2%～3%。因其成分变化较大，来源不稳定，在国外已经很少使用。磷酸氢钙（磷酸二钙），经脱氟处理后其氟含量小于 0.2%，磷 16%，钙 23%，钙磷比例比较平衡，可以添加 1%～2%，使用时要注意重金属不要超标。

（三）补盐

盐规格比较多，一般粗盐含氯化钠 95%，精盐含 99%，盐含钙 38%，氯 59%，补饲中必须添加，可以补充矿物质，也可以增加适口性，帮助消化。一般添加 0.3%。

第四节　放养土鸡补充全价日粮的配制

土鸡放养，即使可以采食到自然界中的多种营养素，但也一定要喂给补充饲料，否则其自身生长和产蛋都将会受到影响。有的养殖户补喂农家饲料原料，这也是可以的。但如果规模化生产，还是要补充全价日粮，才能取得最好的养殖效益。

一、放养土鸡的参考饲养标准

饲养标准是以营养学家通过科学试验和生产实践总结的数据为依据，提供的营养指标，包括能量、蛋白质、粗脂肪、粗纤维、钙、磷、各种氨基酸、各种微量矿物质元素和维生素等。一般饲养标准分为国家标准与企业自己制定的专业标准。放养土鸡要根据土鸡的不同品种、性别、周龄、营养状态、环境等因素，合理确定其不同营养物质的需要量。目前散养土鸡还没有专门的饲养标准，可参照地方品种土鸡的饲养标准执行。地方品种黄鸡的饲养标准见表4-1。

表4-1　地方品种黄鸡的饲养标准

周龄	0~5	6~11	12 以上
代谢能（兆焦/千克）	11.72	12.13	12.55
粗蛋白（%）	20.0	18.0	16.0
蛋白能量比（克/兆焦）	17.06	14.84	12.74

注：其他营养指标参考生长期蛋鸡和肉用仔鸡饲养标准折算

二、补充全价日粮的配制

（一）饲料配制的原则

要配制既能满足鸡的生产需要，又能降低生产成本的配合饲料，设计配方时需遵循以下原则。

1. 选用合适的饲养标准

饲养标准是饲料配合时的各种营养元素含量的依据，应满足鸡的营养需要，这是生产配合饲料和保证配合饲料品质的最基本要求。要根据不同品种、不同日龄鸡的饲养标准设计不同的饲料配方。

2. 饲料的适口性要好

饲料的适口性影响鸡的采食量，如果适口性差，即便是饲料营养全面，但鸡的采食量少，营养就不够，势必影响鸡的饲养效果，降低鸡的生产性能。相反，如果饲料的适口性好，鸡的采食量合适，营养吸收多，饲养效果好，鸡的生产性能也会增加。

3. 各种营养元素要比例恰当

在满足能量需要的基础上，各种营养元素，如蛋白质、氨基酸、矿物质、维生素等的含量既要满足鸡的饲养标准，又要注意各种养分之间的比例。比例适宜的话，有助于营养的吸收利用，饲料报酬较高；反之，营养不平衡，就会降低饲料的利用率，饲料报酬下降。日粮中蛋白质和能量的比例通常用蛋白能量比来表示，日粮中能量低时，相应的蛋白质含量也应降低；日粮中能量高时，相应的蛋白质含量也应增加。如果日粮中蛋白高能量低或能量高蛋白低，都会造成饲料的浪费。另外，氨基酸、维生素、矿物质之间，有的存在协同作用，有的存在拮抗作用，所以在配料时一定要协调好它们之间的比例关系。

4. 选择合适的饲料原料

在不影响饲养效果和经济效益的前提下，要因地制宜，根据当地的实际种植情况，就地取材，使用物美价廉的原料，降低生产成本。

5. 饲料多样化

配合饲料时，为了满足鸡的营养需要，要使用不同的饲料原料，使饲料间不同的养分相互搭配相互补充，提高配合饲料的营养价值。

6. 严把原料质量关

有的饲料原料，如玉米、饼粕类等以及含脂肪高的原料，如果贮存不当，很容易发生霉变或酸败，损害肝脏，引起鸡的病变，所以，一定要把好质量关。另外，有些含毒素的饲料原料，如棉籽饼、菜籽饼等，在脱毒前应严格控制用量。

（二）放养土鸡计算饲料配方注意事项

① 首先考虑日粮中代谢能和粗蛋白质的需要量以及两者的比例是否适宜，然后再看钙磷含量是否满足需要和是否平衡，最后再调节维生素和微量元素的需要量。在配合日粮时一般对原料中的维生素不予考虑，完全靠额外添加来满足需要。

② 由于饲料原料品种不同，来源不同，含水量、储存时间不同，营养成分经常发生变化。在配制日粮时要加上安全系数，以保证应有的营养物质含量，但是安全系数也不能太大，以免浪费。

③ 在条件允许的情况下，尽可能使用种类比较多的原料，达到营养物质互补（主要是氨基酸互补），降低饲料成本。

④ 既要求饲料质量好，适口性强，同时也要兼顾价格，使用一些便宜的原料。对一些有用量限制的原料要严格控制使用量，如棉籽粕、高粱等，避免图便宜而造成对鸡的伤害。

⑤ 每次配制的总饲料量不要超过一个月的用量，以免长期储存降低营养成分的含量，尤其是维生素的含量。夏季长时间储存饲料还

容易发霉，尤其在高温高湿条件下极容易变质。

⑥ 饲料配方要相对稳定，如需要更换饲料最好采用逐渐过渡的方法，以免引起食欲下降和消化障碍。

⑦ 要根据土鸡的生长规律及营养需要做配方。据试验，土鸡的生长高峰有两个，即 20～45 日龄和 65～100 日龄。营养需要为，1～60 日龄饲料的粗蛋白含量为 16%～18%，代谢能为 11.7～12.8 兆焦/千克；60 日龄后饲料的粗蛋白含量为 13%～15%，代谢能约为 13 兆焦/千克。

⑧ 根据土鸡的饲养技术，饲料"前精后粗"，饲喂"前期自由，后期定时定量"，按土鸡的饲养标准配制。

（三）饲料配方计算方法

1. 交叉法

也叫方形法，对角线法。在饲料种类少、营养指标要求低的情况下，可以用这一方法。在饲料种类及营养指标要求多时，也可采用此法，但需反复计算，两两组合，比较麻烦，而且又不能使配合饲料同时满足多项营养指标。

例如，用玉米（含粗蛋白 8.5%）和豆饼（含粗蛋白 42.5%）配制粗蛋白水平为 16.5% 的混合饲料。

（1）作十字交叉图　把需要混合饲料达到的粗蛋白含量 16.5% 放在交叉处，玉米和豆饼的粗蛋白含量分别放在左上角和左下角；然后以左上、下角为出发点，各向对角通过中心作交叉，大数减小数，所得数字分别记在右上角和右下角。

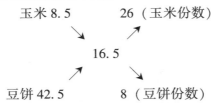

（2）计算混合比　用上面计算所得的分数除以它们的和，即得两种饲料的混合比。

玉米应占比例 = 26÷（26+8）×100% ≈ 76.5%

豆饼应占比例 = 8÷（26+8）×100% ≈ 23.5%

此种方法计算的结果只是满足了粗蛋白的营养，其他成分没有计算，因此，实用价值不大。

2. 试差法

这种方法在目前日粮配制中应用较多。试差法就是根据经验和饲料营养含量，先大致确定一下各种饲料在日粮中所占比例，再将各种饲料所含营养成分分别计算出来，这样同种养分相加得到该初拟配方的每种养分含量，然后与饲养标准对照，看看还差多少，再进行适当调整，所以叫试差法。调整时可通过某些饲料的含量和比例，直到所有营养指标都基本满足营养标准为止。调整的顺序为能量、蛋白质、磷、钙、蛋氨酸、赖氨酸、食盐等。

下面以配蛋鸡饲料的配方过程，说明使用试差法的计算方法。

第一步：确定营养需要，查蛋鸡的营养标准（表4-2）。

表4-2　蛋鸡的营养标准

代谢能（兆焦/千克）	粗蛋白质（%）	钙（%）	磷（%）
11.54	16.5	3.5	0.6

第二步：掌握饲料原料的营养成分。已知原料及其营养成分见表4-3。

表4-3　饲料原料及其营养成分

饲料名称	代谢能（兆焦/千克）	粗蛋白质（%）	钙（%）	磷（%）
黄玉米	14.02	8.5	0.02	0.21
高粱	12.93	8.5	0.07	0.11
麦麸	7.11	13.5	0.22	1.09
豆饼	10.04	42.1	0.27	0.63
菜籽饼	8.62	31.5	0.61	0.95
鱼粉	9.83	53.6	3.16	0.17
血粉	9.92	80.2	0.30	0.23
骨粉			30.12	13.46
贝壳粉			38.10	0.07

第三步：初拟配方。根据营养需要、饲料供应情况、饲料营养成分和参照典型日粮或经验配方，首先粗略制定饲料配方成分（表4-4）。

表4-4　粗略制定—饲料配方成分

饲料	配方（%）	代谢能（兆焦/千克）	粗蛋白质（%）	钙（%）	磷（%）
黄玉米	59	8.27	5.015	0.011 8	0.123 9
高粱	10	1.29	0.85	0.007	0.011
麦麸	3	0.21	0.45	0.066	0.032 7
豆饼	9	0.90	3.789	0.023 4	0.056 7
菜籽饼	5	0.43	1.575	0.030 5	0.046 5
鱼粉	5	0.49	2.68	0.158	0.058 5
血粉	2	0.20	1.602	0.036	0.004 6
骨粉	2			0.602	0.269 2
贝壳粉	5			1.905	0.003 5
饲料标准		11.54	16.50	3.50	0.60
总计	100	11.79	15.961	2.839 7	0.60
与标准比较		+0.25	-0.539	-0.660 3	0

第四步：调整。由上述初拟配方可以看出，能量多了0.25兆焦/千克，粗蛋白缺0.539%、钙缺0.6603%。因此，在少量减少能量的同时，要适当增加粗蛋白和钙含量。设想用豆饼代替玉米，每增加1%豆饼，减少1%玉米时，粗蛋白增加0.336%，能量减少0.042兆焦/千克，钙增加0.002 5%，磷增加0.004 2%。如豆饼增加2%，玉米减少2%，那么，总能量为11.71兆焦/千克，粗蛋白为16.75%，钙为2.745%，磷为0.060 8%，结果能量还多0.20兆焦/千克，粗蛋白基本符合要求。钙仍差0.755%，磷已满足要求。如增加2%的贝壳粉，减少2%的玉米，则能量为11.43兆焦/千克，粗蛋白为16.42%，钙为3.51%，磷为0.6%。调整后的配方见表4-5。

表4-5 调整后的配方

饲料	配方（%）	代谢能（兆焦/千克）	粗蛋白质（%）	钙（%）	磷（%）
黄玉米	55	7.71	4.67	0.011	0.115 5
高粱	10	1.29	0.85	0.007	0.011
麦麸	3	0.21	0.45	0.066	0.032 7
豆饼	11	1.10	4.63	0.029 7	0.069 3
菜籽饼	5	0.43	1.575	0.030 5	0.046 5
鱼粉	5	0.49	2.68	0.158	0.058 5
血粉	2	0.20	1.602	0.036	0.004 6
骨粉	2			0.602	0.269 2
贝壳粉	7			2.667	0.004 9
饲料标准		11.54	16.50	3.50	0.60
总计	100	11.43	16.457	3.61	0.61
与标准比较		-0.11	-0.043	+0.11	+0.01

3. 计算机

随着养殖业集约化和配合饲料工业产业化的发展，要求配方设计采用多种饲料原料，而且需要计算的营养成分指标也增多，还得考虑降低饲料成本、节约饲料资源等，用手工计算方法很难达到，而且又相当繁琐，所以就需要借助计算机进行配方优化。采用计算机设计配方，是借助一定的数学模型，并将其编制成软件，在计算机上完成饲料配方的设计。

4. 土鸡放养期饲料的配制方法

土鸡放养期饲料配制的方法与其他家禽或家畜饲料配制方法一样。小规模饲养场多根据营养标准，以试差法设计配方。规模型鸡场或饲料厂，目前多使用配方软件，既快捷，又精确。但是，无论采用哪种方法，都必须了解土鸡营养的特殊性，所用饲料的大体比例。根据多年来实践经验，配制土鸡放养期精料补充料的不同饲料原料的大致比例如表4-6所示。

表4-6　放养土鸡饲料配制不同原料的大致比例关系

项　目	育雏期	育成期	开产期	产蛋高峰期	其他产蛋期
能量饲料	69~71	70~72	68~70	64~66	65~68
植物性蛋白饲料	23~25	12~13	18~20	19~21	17~19
动物性蛋白饲料	1~2	0~2	2~3	3~5	2~3
矿物质饲料	2.5~3.0	2~3	5~7	9~10	8~9
植物油	0~1	0~1	0~1	2~3	1~2
限制性氨基酸	0.1~0.2	0~0.1	0.1~0.25	0.2~0.3	0.15~0.25
食盐	0.3	0.3	0.3	0.3	0.3
营养性添加剂	适量	适量	适量	适量	适量

　　根据以上提供的不同饲料原料的大致比例，即可用不同的饲料配合方法设计配方。在配方设计时，不同原料的用量要灵活掌握。例如，能量饲料主要有玉米、高粱、次粉和麸皮。由于高粱含有的单宁较多，用量应适当限制。麦麸的能量含量较低，在育雏期和产蛋期用量不可太多，否则将达不到营养标准；另外，动物性蛋白饲料主要是优质鱼粉、蝇蛆粉、黄粉虫粉。尽量不用土作坊生产的皮革粉或肉骨粉；油脂对于提高能量含量起到重要作用，但选用油脂最好使用无毒、无刺激和无不良气味的植物油脂，不应选用羊油、牛油等有膻味的油脂，以防将这种不良气味带到产品中去，影响适口性，降低产品品质。

　　关于沙砾的添加，一般笼养鸡有意识地添加一些小石子，以帮助消化。但在放养期间鸡可自由采食自己所需要的营养物质。田间或草地中，特别是山场，有丰富的沙石，可不必另外添加。

　　青饲料的添加问题。在放养期间，由于鸡可采食大量的青绿饲料，因此，没有必要在补充的饲料中额外添加。但是在育雏后期，为了使小鸡适应放养期的饲料，可逐渐在配合饲料中添加10%~30%的优质青饲料；在冬季产蛋期，为了保证鸡蛋蛋黄色度和降低胆固醇，可在配合饲料中增加 10%~15% 的优质青饲料（如蔬菜）或添加 5% 左右的优质青干草。

5. 土鸡各阶段配方实例

（1）土鸡育雏期推荐参考配方（%）

配方 1：玉米 45、碎米 18、小麦 12、豆饼 20、鱼粉 3、骨粉 2、食盐适量。

配方 2：玉米粉 53.2、麸皮 8、豆饼粉 22、菜籽饼粉 6、鱼粉 6、骨粉 2、贝壳粉 2、多维素 0.5、食盐 0.3。

配方 3：玉米 45、碎米 18、小麦 12、豆饼 20、鱼粉 3、骨粉 2，食盐适量。

（2）土鸡育成期参考配方（%）

配方 1：玉米 20、碎米 15、小麦 10、豆（糠）饼 30、碎青料 20、微量元素 3、食盐 1、小苏打 1。

配方 2：玉米 55、豆粕 10、鱼粉 1、麸皮 16、统糠 16、骨粉 1、盐 0.3、蛋氨酸 0.2、微量元素 0.35、氯化胆碱 0.15。

（3）土鸡产蛋期参考配方（%）

配方 1：玉米粉 62、小麦粉 17、豆饼粉 12、鱼粉 4、滑石粉 1、贝壳粉 2.6、生长素 0.5、多维素 0.5、食盐 0.4。

配方 2：玉米 62、豆粕 20、菜籽粕或棉籽粕 6、贝壳粉 2、预混料 5、其他青饲料或纤维饲料 5。

配方 3：玉米 60、豆粕 24、鱼粉 3、麸皮 10、骨粉 2、蛋氨酸 0.2、盐 0.3、微量元素 0.35、氯化胆碱 0.15。

配方 4：玉米 65、豆粕 26、鱼粉 5、骨粉 3、蛋氨酸 0.3、盐 0.3、微量元素 0.25、氯化胆碱 0.15。

配方 5：玉米 61、豆粕 18、鱼粉 3、麸皮 6、骨粉 1.5、菜籽饼 5、石粉 5、盐 0.3、微量元素 0.1、氯化胆碱 0.1。

第五节　土鸡饲料资源的开发

一、青绿饲料与干草粉

青饲料是指天然水分含量在 60% 以上的青绿饲料、树叶类以及非淀粉质的块根、块茎、瓜果类。青绿饲料包括天然牧草和人工牧草。鸡能消化利用的青饲料仅限于质地细嫩的青菜、苜蓿和某些树叶。青饲料水分含量高，陆生作物水分含量为 75%~90%，水生作物水分含量为 95% 左右；豆科青饲料蛋白质含量为 3.2%~4.4%，按干物质计算蛋白质含量可高达 18%~24%；禾本科牧草、蔬菜类饲料蛋白质含量 1.5%~3%，按干物质计算蛋白质含量可高达 13%~15%。青绿饲料蛋白质消化率高，蛋白质质量好；钙与磷比例适宜，胡萝卜素和 B 族维生素含量丰富。土鸡中后期放养时，经常可以采食到放养场中的青绿饲料。

无论是放养，还是采集野生青绿饲料或是人工栽培的青绿饲料养鸡，都应注意：青绿饲料要现采现喂（包括打浆），不可堆积或用剩的青草浆，以防发生亚硝酸盐中毒；放牧或采集青绿饲料时，要了解青绿饲料的特性，有毒的和刚喷过农药的果园、菜地、草地或牧草要严禁采集和放牧，以防中毒；含草酸多的青绿饲料，如菠菜、甜菜叶等不可多喂，以防引起雏鸡佝偻病或瘫痪，母鸡产薄壳蛋和软壳蛋；某些含皂素多的豆科牧草喂量不宜过多，如有些苜蓿草品种皂素含量高达 2%，过多的皂素会抑制雏鸡的生长。

在土鸡配合饲料中一般以干草粉和叶粉的形式利用青饲料。由于草粉含粗纤维较多，在饲料中使用不宜过多，一般在 5% 以下。苜蓿草粉是土鸡饲料中常用的优质草粉，其蛋白质含量大部分在 15%~20%，氨基酸组成比较平衡，矿物质中钙和有效磷含量较高，富含维生素，特别是胡萝卜素和叶黄素含量丰富，有较好的着色效果，有助于皮肤着色。松针粉中所含的多种氨基酸、生长激素和微量元素，能提高产蛋量和具有一定的防病抗病的功效。在土鸡的日粮中可添加 2%~5% 的松针粉。

二、育虫喂鸡

饲料中加 10% 的昆虫，土鸡增重可提高 15%，产蛋率可提高 25%。采用人工育虫喂鸡成本低，是解决土鸡散养中缺少动物性蛋白质饲料的有效方法。

1. 稀粥育虫法

选 3 小块地轮流在地上泼稀粥，然后用草等盖好，2 天后滋生小虫子，轮流让鸡去吃虫子即可。注意防雨淋、防水浸。

2. 稻草育虫法

将稻草铡成 3~7 厘米长的碎草段，加水煮沸 1~2 小时，埋入事先挖好的长 100 厘米、宽 67 厘米、深 33 厘米的土坑内，盖上 6~7 厘米厚的污泥，然后用稀泥封平。每天浇水，保持湿润，8~10 天便可生出虫蛆。扒开草穴，驱鸡自由觅食。一个这样的土坑，育出的虫蛆可供 10 只小鸡吃 2~3 天。可根据鸡群的数量来决定挖坑的多少。虫蛆被吃完后，再盖上污泥继续育虫。

3. 秸秆育虫法

在能避开阳光的湿润地方，挖一个深 1 米的地坑（一般 1 只鸡挖 1 米³即可）。装料时，先在底部铺上一层瓜果皮或植物秸秆、杂草或其他垃圾，随即浇上一层人尿（湿润为宜），然后盖上一层约 33 厘米厚的垃圾，浇上一些水，最后再堆放上各种垃圾，直到略高于地面，用泥土封闭，时常浇上一些淘米水（不要过湿），2 周后开坑，里面就会长出许多虫子。

4. 树叶、鲜草育虫法

用鲜草或树叶 80%、米糠 20%，混合后拌匀，并加入少量水煮熟，倒入瓦缸或池内，经 5~7 天，便能育出大量虫蛆。

5. 鸡粪育虫法

将鸡粪晒干、捣碎后混入少量米糠、麦麸，再与稀泥拌匀并成堆，用稻草或杂草盖平。堆顶做成凹形，每天浇污水 1~2 次，15 天左右便可出现大量小虫，然后驱鸡觅食。虫被吃完后，将堆堆好，几天后又能生虫喂鸡。如此循环，每堆能生虫多次。

6. 牛粪育虫法

将牛粪晒干、捣碎，混入少量米糠、麸皮，用稀泥拌匀，堆成直径 100~170 厘米、高 100 厘米的圆堆，用草帘或乱草盖严，每天浇水 2~3 次，使堆内保持半干半湿状态。15 天左右便可生出大量虫蛆，翻开草帘，驱鸡啄食。虫被吃完后，再如法堆起牛粪，经 2~3 天又会生出许多虫蛆，可继续喂鸡。

7. 鸡毛、酒糟育虫法

用鸡毛、酒糟、草皮、垃圾等加水混合拌成糊状堆放在一起，用烂泥盖好，10 天左右就会长出小虫。一般鸡毛越多，酒糟越多，长虫越快。

8. 豆腐渣育虫法

将豆腐渣 1~1.5 千克，直接置于水缸中，加入淘米水 1 桶，2 天后再盖缸盖，经 5~7 天，便可生出虫蛆，把虫捞出洗净喂鸡。虫蛆吃完后，再添些豆腐渣，继续育虫喂鸡。如果用 6 个缸轮流育虫，可供 50~60 只小鸡食用。

9. 酒糟、麸皮育虫法

选择潮湿的地方，根据料的多少，挖一个深约 30 厘米的土坑，在坑底上铺一层碎稻草，然后把碎稻草或麦秆、玉米秸秆切成 5~6 厘米长的段，并加入杂草，再掺入麸皮、酒糟，浇水拌匀，置于坑内，最后用土盖实盖严。在气温 30℃ 以上时，15 天左右便可生虫喂鸡。

10. 松针育虫法

挖一个深 70~100 厘米，长、宽不限的土坑，放入 30~50 厘米厚的松针，倒入适量的淘米水，再盖上 30 厘米厚的土，7 天后，便可生出大量虫蛆，挖开土驱鸡啄食。虫被吃完后，可再填上松针，继续育虫喂鸡。

11. 黄豆、花生饼育虫法

取黄豆 0.6 千克、花生饼 0.5 千克、猪血 1~1.5 千克，将三者混合均匀，密封在水缸中，在 25℃ 左右条件下，经 4~5 天便可生出虫蛆，而且虫蛆量一天天增多，可供 50 只肉鸡食用。这种虫蛆个体大，富含蛋白质及维生素，营养丰富，易被鸡消化和吸收，效果则接近于优质鱼粉。据试验，50 天内肉鸡体重即可达到 2 千克。

三、养蝇蛆喂鸡

蝇蛆是一种高蛋白、含有多种氨基酸的天然土鸡饲料，营养价值很高。土鸡食用后能增强体质，提高产蛋量，产的蛋品质高，肉土鸡喂后能提高肉质。

（一）蝇蛆的饲养

1. 种蝇的饲养

种蝇有飞翔力，须笼养。采用木条或直径 6.5 毫米钢筋制成 65 厘米×80 厘米×90 厘米的长方形框架，在架外蒙上塑料窗纱或细眼铜丝网，并在笼网一侧安上纱布手套，以便喂食和操作。每个蝇笼中配备 1 个饲料盆和 1 个饮水器。1 个笼可养成蝇 4 万～5 万只。种蝇用 5%的糖浆和奶粉饲喂；或将鲜蛆磨碎，取 95 克蛆浆，5 克啤酒酵母，加入 155 毫升冷开水，混匀后饲喂。初养时可用臭鸡蛋，放入白色的小瓷盘内喂养。

饲料和水每天更换 1 次。种蝇室的温度要控制在 24～30℃，空气相对湿度控制在 50%～70%。种蝇的来源，可将蝇蛹洗净放入种蝇笼内，待其羽化到 5%时开始投食和供水。种蝇开始交尾后 3 天放入产卵盘。盘内盛入 2/3 高度的引诱料。引诱料用麦麸、鸡饲料或猪饲料，加入适量稀氨水或碳酸铵水调制而成。每天接卵 1～2 次，将卵与引诱料一起倒入幼虫培养室培养。

2. 蝇蛆的饲养

（1）饲养设备 小量饲养可以用缸、盆等，大规模饲养宜用池养。用砖在地面砌成 1.2 米×0.8 米×0.4 米的池，池壁用水泥抹面。池口用木制框架蒙上细铜丝或筛绢做盖。

（2）蝇蛆培养 培养料可用畜禽粪，也可用酒糟、糖精、豆腐渣、屠宰场下脚料等配制。培养料含水量为 0～65%，pH 值 6.5～7。每平方米养殖池倒入培养料 35～40 千克，厚度 4～5 厘米，每平方米接种蝇卵 20 万～25 万粒，重 20～25 克。接种时可把蝇卵均匀撒在料面上。保持培养室黑暗，培养料温度控制在 25～35℃，培养几天后，培养料温度下降，体积缩小。此时应根据蝇蛆数量和生长情况补充新鲜料。

（3）蝇蛆的分离采收 在 24～30℃温度下，经 4～5 个昼夜，蝇蛆个体重量可达 20～25 毫克。蝇蛆趋于老熟，除留作种用的让其化蛹外，其余蝇蛆可按以下方法分离采收。

①强光照射分离。由于蝇蛆有怕强光特性，可采用强光照射，待其从培养料表面向下移动后，层层剥去表面培养料，底层可获得大量蝇蛆。②水分离法。将蛆和剩余的培养料一齐倒入水缸中，经搅拌待蛆浮于水上面，用筛捞出。③鸡食分离。将蛆和剩余培养料撒入鸡圈内，让鸡采食鲜蛆后，再把培养料清除干净。蝇蛆用作饲料，喂家禽大多采用鲜蛆投喂；喂家畜多采用干粉，即将蛆烫死晒干磨粉，加入配合饲料中投喂。

（二）饲喂方法

蝇蛆是一种高蛋白的幼虫，喂鸡可以增加鸡的蛋白含量，可以使鸡长得快些，还可以提高产蛋率。因为鸡本身就喜欢吃虫子，所以给鸡喂蝇蛆是个不错的办法。也可以使用饲料发酵剂发酵鸡粪等动物粪便来饲养蝇蛆。

1. 喂前漂洗

粪蛆或人工笼养的蝇蛆，捞回后应充分漂洗。把蛆平铺在塑料布或布垫上，压扁后用清水充分漂洗，才可喂雏鸡、雏鸭，也可将漂洗干净的蛆晒干磨粉，加入雏鸡饲料中喂给。

2. 适喂日龄

雏鸭 10 日龄后、雏鸡 15 日龄后可拌料喂给蛆粉，或 1 月龄后饲喂蛆。

3. 饲喂方法

喂雏鸭可将蛆平铺在食垫上或放在水中，以中午食前饲喂较好，晚上不宜喂给，因喂蛆后雏鸡口渴，而晚上喂水不方便，常导致"潮毛"和"烧口"，有的甚至发病死亡。雏鸡可根据日龄，按其生长规律给量，于食槽、地面撒喂均可，或在饲料中拌入 10%～20% 蛆粉饲喂，也可制成其他料型饲喂。

4. 饲喂量

雏鸭、雏鸡喂鲜蛆以吃半饱为宜，一般 100 只雏禽日喂 1 千克鲜蛆即可，吃完后即可喂饭喂料，食后饮水不宜过多。饲喂量应由少到多，逐渐增加，以免造成"蛆胀"。若按比例拌入雏鸡饲料中喂给，可日喂 4 次或自由采食，饮水不限。

5. 注意事项

① 千万不要喂用杀虫药后的死蛆，以防雏鸡中毒。鲜蛆也应当天漂洗当天喂用，以防变质引起中毒。

② 雏鸡饲料中的干蛆粉应按比例加入，过低效果不好，过高造成浪费，甚至引起雄鸡消化道疾病。

③ 雏鸡如食入过量，发生消化不良现象，可服用干酵母（按饲料量的 0.1%~0.2%）或饮苏打水、食用油等，以助消化和排除积食。

四、养蚯蚓喂鸡

蚯蚓又称地龙，是一种低等动物。它营养丰富，蚯蚓干粉一般含粗蛋白质 55%、粗脂肪 9%、无氮浸出物 8%、粗灰分 22.5%，并含有丰富的维生素。喂鸡可促进生长，是鸡的一种良好的动物性蛋白质补充饲料，可以代替鱼粉使用。但最好经煮熟饲喂，以防感染气管交合线虫病。

（一）人工繁殖蚯蚓的方法

1. 三层循环深坑培育法

选择背阴潮湿，土质肥沃，距鸡场（舍）较近的地方，挖个深 1 米、宽 1 米、长 1~4 米的沟。在每平方米的黑土上投放大蚯蚓 10~20 条。一层畜禽粪、一层垫草、一层黑肥土（投放蚯蚓）反复铺垫，直到填满后封土。经 1 个月左右即可开沟取出蚯蚓活食。开沟喂用时可将沟划成若干方块，根据鸡的用量，每天挖、每天喂，挖后继续培养，轮流喂用。

2. 三群分养法

将蚯蚓分成种子、繁殖和生产 3 群。选择粗壮、形状一致的大蚯蚓，组成专门提供良种用的种子群；用种子群的后代选优组成专门负责产卵的繁殖群；将繁殖群产的卵按顺序置于生产场，用此卵孵化出来的蚯蚓组成生产群。种子、繁殖的两群最好在室内多层搭架饲养。生产群无论露天、搭棚、室内均可。如为露天，以选择树林或果林底下为宜，不要挖坑，只需在地面上采取条状薄层加料、上加盖稻草或其他覆盖物的方法即可。清卵和捕蚯蚓采用向下翻动驱赶法，即第一步掀去覆盖物，第二步锄动饲料，第三步清去蚯蚓粪，第四步捕集蚯蚓。

（二）蚯蚓喂鸡需注意的问题

1. 不宜用蚯蚓直接喂鸡

有些养鸡户搜集蚯蚓后直接倒给鸡群采食，这是不可取的。因为蚯蚓生活在开放的环境中，很容易成为寄生虫（如楔形变态绦虫、足管交合线虫、环毛细线虫、异刺线虫等）的宿主，而鸡吃食鲜活的蚯蚓时，就会因此感染寄生虫而发病，给鸡群的健康到来一定的影响。

建议搜集到蚯蚓后用清水漂洗干净，并用水加热，煮沸 6 分钟左右，捞出切成段拌入饲料中喂鸡。这样加热煮沸可以杀死寄生虫，与饲料搭配可以均衡营养，在保证鸡群健康的同时，也能提供丰富的营养物质。

对于搜集过多的蚯蚓，可以加热后，切段晒干保存，以备以后使用。

2. 雏鸡和成鸡分开饲养

成鸡有一定的抵抗能力，即使吃食蚯蚓而感染寄生虫，也会因为自身的抵抗能力而发病较弱，甚至没有发病表现。而雏鸡则不同，因为雏鸡自身发育不完善，所以对寄生虫的抗病能力较弱，一旦感染寄生虫会造成大量的伤亡。

建议成鸡和雏鸡分开饲养，不要给雏鸡喂食蚯蚓，而且成鸡排出的粪便要及时清除并严格堆积消毒，并对鸡舍严格消毒，不要让雏鸡接触到成鸡的粪便。

3. 鸡群定期驱虫

要记住，养鸡永远不要有侥幸心理，即使给鸡群喂食的蚯蚓经过加热蒸煮，鸡群也有可能会因吃食蚯蚓而感染寄生虫，所以鸡群要定期进行驱虫。

建议定期对鸡群拌料投喂左旋咪唑药剂，用法用量鸡每千克体重用药 25 毫克，每 3 个月驱虫 1 次。

4. 增强鸡群抗病能力

建议长期给鸡群饮水喂服维生素 C、葡萄糖溶液、抗生素等进行保健护理，这样能在一定程度上减少鸡群发病的可能性。

五、黄粉虫喂鸡

黄粉虫，原为一种仓储害虫，在昆虫分类学上隶属于鞘翅目、拟步行甲科、粉甲属，俗称面包虫，其蛋白质含量高居各类活体动物蛋白之首，素有"动物蛋白饲料之王"的美誉，通过工厂化生产，可提供大量优质动物性蛋白质，促进养殖业的发展。

黄粉虫脱脂提油后的虫粉蛋白质含量达到70%，再经提取壳聚糖（甲壳素），可高达80%的蛋白含量，不但能够替代进口优质鱼粉，而且完全可以食用。具有生长快、繁殖系数高等特点。其主要食物为麦麸、农作物秸秆、糠粉及废弃蔬菜等。

黄粉虫为多汁软体动物，脂肪含量高，蛋白质含量达50%，此外，还含有磷、钾、铁、钠、铝等多种微量元素以及动物生长必需的6种氨基酸，每100克干品中含氨基酸874.9毫克，其各种营养成分居各类饲料之首，在日粮饲料中加入2%~5%的黄粉虫喂鸡，产蛋率可提高30%~50%。

黄粉虫喂养土鸡，能够增强土鸡的免疫力和抗病能力，提高生长速度，提高产蛋率和鸡蛋质量。黄粉虫喂养的土鸡（简称虫子鸡）肌肉氨基酸含量高，肉质上乘，鲜香，口感好，风味独特。所产的鸡蛋成为虫子鸡蛋，蛋黄大且颜色深，蛋清黏稠，磷脂含量高，胆固醇含量低，富含各种微量元素，营养丰富。

（一）黄粉虫的养殖方法

1. 山林养殖法

① 林地放养虫子鸡要求周围要有隔离设施，可以建造围墙或设置篱笆；搭建育雏房舍，在晚上和风雨天让鸡群在室内活动和采食饮水，要有喂料和供水设备，供水设备要在林地内分散布置。

② 虫子鸡蛋鸡产蛋期也要适当限制饲养，如果任其采食，会出现体重增加，脂肪沉积，导致产蛋率下降，确定产蛋鸡食量主要依据产蛋量的高低和体重的大小，喂量随产蛋率的增减而增减，尤其是产蛋高峰期后，一定要控制喂料量，通常在自由采食量的基础上减少8%~12%，既省料又减少死亡率。当出现啄癖现象时，除应消除引起恶癖的原因外，在饲料中还应当适量增加用量。

③ 加强管理。根据野生资源情况，如果白天吃不饱，中午和傍晚要在料槽内添加饲料，夜间另需补饲 1 次。鸡舍外面需要悬挂若干个带罩灯泡，夜间补充光照，还可以诱虫喂鸡，防止野生动物接近鸡群。避免不同日龄混养，防止相互之间因为争斗、鸡病传播、生产措施不便于实施而影响生产。减少意外伤亡和丢失，防止野生动物的危害，林地一般都在野外，可能进入果园内的野生动物很多，如黄鼠狼、老鼠、蛇、鹰、野狗等，这些野生动物对不同日龄的虫子鸡都有可能造成危害。

④ 卫生防疫要跟上，及时清理林地内的粪便，定期消毒，按时接种疫苗，适时喂饲抗菌药和抗寄生虫药，病鸡要及时处理。

2. 生态虫养法

生态虫法就是人育虫法来养殖虫子鸡，这种方法的关键是怎样育虫，只要有了新鲜的饵料蛆虫，其饲养就简单多了。常见的育虫法有以下几种方法。

（1）稀粥育虫法　选 3 小块地，在地上泼上稀粥。用草等盖好，注意防雨淋水浸。2 日后即可生小虫子，轮流让鸡吃虫子，即可满足鸡对蛋白质饲料的需求。

（2）稻草育虫法　挖宽 0.6 米、深 0.3 米的长方形土坑，将稻草切成 6~7 厘米长的段，用水煮 1~2 小时，捞出倒入坑内，上面盖上 6~7 厘米厚的污泥（水沟泥或塘泥等，下同）、垃圾等，将污泥压实，每天浇 1 盆洗米水。约过 8 天即生虫子，翻开让鸡啄食完后再盖好污泥等，浇洗米水，可继续生虫。

（3）豆饼育虫法　少量豆饼（或花生麸等）敲碎后与豆腐渣一起发酵，发酵后再与秕谷、树叶混合，放入 20~30 厘米深的土坑内，上面盖 1 层稀污泥，用草等盖严实，过 6~7 天即生虫。

（4）豆腐渣育虫法　把 1~2 千克豆腐渣倒入缸内，倒入洗米水，盖好缸口，过 5~6 天即生虫，再过 3~4 天蛆虫即可让鸡采食。用 6 只缸轮流育虫可满足 50 只鸡的需要。

（5）腐草育虫法　在较肥地挖宽 1.5 米、长 1.8 米、深 0.5 米的土坑，底铺 1 层稻草，其上铺 1 层豆腐渣，再盖 1 层牛粪，粪上盖 1 层污泥。如此铺至坑满为止，最后盖 1 层草。约 1 周即生虫。

第五章

出色完成育雏任务

土鸡雏鸡的育雏期是指 0~42 日龄的幼雏期，可分为育雏期舍内饲养阶段（1~28 日龄）和育雏期舍外放养阶段（29~42 日龄）。雏鸡的饲养与管理工作是土鸡放养中艰巨的中心工作之一，直接关系到雏鸡的生长发育、成活率及将来的生产力，与经济收益密切相关。因此，要实行科学管理，充分调动一切积极因素，出色地完成育雏工作任务。

第一节　做好育雏前的准备工作

一、育雏舍的设计

在设计上，育雏舍不能渗漏雨水，墙壁不能有裂缝，水泥地面要平整，无鼠洞且干燥；坐北向南，东西走向；门窗严密，保温性能好，并能通风换气；离其他鸡舍保持 100 米距离，有条件的地方不与其他鸡混养，可减少疾病感染的机会。平养育雏舍内可间隔成多个小间，便于分群饲养管理和调整鸡群。

二、育雏设备

育雏前要准备好保温设备、饲槽、饮水器、水桶、料桶、温湿度计、扫帚、清粪工具、消毒用具，另外根据实际情况添置需要的用具。若是笼养育雏，还要准备专用的育雏笼。针对农村土鸡养殖，育雏笼也可就地取材自制，便于雏鸡采食、饮水和饲养人员管理操作即可。

（一）保温设备

热风炉：是以煤等为原料的加热设备，在舍外设立，将热风引进鸡舍。

锅炉供暖：分水暖型和气暖型。育雏供温以水暖型为宜。

红外线供暖：红外线发热原件有两种主要形式，即明发射体和暗发射体，两种都安装在金属反射罩下。

煤炉供暖：这是我国北方常用的供暖设备。

（二）采食饮水设备

食槽：要求光滑、平整，鸡采食方便但不浪费饲料，便于清洗和消毒，高度要合适，通常食槽上缘比鸡背约高 2 厘米。食槽可用木板、镀锌薄铁板或硬塑料制成。

饮水器：种类很多，根据鸡的大小和饲养方式而定，但都要求容易清洗、不漏水、不污染。

（三）笼具

电热育雏器：属于叠层笼养设备，由 1 组电加热笼、1 组保温笼和 4 组运动笼 3 部分组成，饲养量为 1～15 日龄 400～600 只，16～45 日龄 300～400 只。

育雏育成笼：四层阶梯式，两层中间笼先育雏，育雏结束，均匀移至上下两层，育雏靠锅炉气暖。

网上育雏：网上结构分为网片和框架两部分，网眼为 1.25 厘米×1.25 厘米，也可用竹条代替。最好使用标准化肉鸡场使用的塑料网架。

（四）垫料的准备

在平面育雏时一般都采用垫料，常选用稻壳、锯末、刨花等，以10 厘米长短为宜，厚度为 3～5 厘米。垫料要求干燥、清洁、柔软、吸水性强、灰尘少，使用前需在太阳底下进行日晒消毒，要注意不断翻动，以便彻底消毒。

三、制定育雏计划

提前对饲养人员进行培训，以便掌握基本的饲养管理知识和技术。育雏人员在育雏前 1 周左右到位并着手工作。

放养土鸡必须选择合适的育雏季节，以利于取得最高的经济效益。最好选择3—5月份育雏，因为，这时气温逐渐上升，阳光充足，对雏鸡生长发育有利，育雏成活率高。到中鸡阶段，由于气温适宜，舍外活动时间长，可得到充分的运动与锻炼，因而体质强健，对以后天然放牧采食，预防天敌非常有利。春雏性成熟早，产蛋持续时间长，尤其早春孵化的雏鸡更好，选择这段时间育成的雏鸡产蛋高峰来临时，正赶上中秋节、国庆节、元旦、春节这4个节日，鸡蛋销路好且卖价高。如果春季鸡蛋销路不好，可在第二年春节前后把鸡全部淘汰，因这时土鸡价最高。同时，还根据自己的实力情况选择第二年春季土鸡的第二产蛋高峰，6—7月份淘汰全部土鸡。

四、准备饲料与药物

根据育雏数量，备好雏鸡专用全价饲料和必需药品等。

育雏可用全价配合颗粒饲料或自配粉饲料。土鸡0~6周龄累计饲料消耗为每只750~800克。自配饲料应选择无污染、不变质的原料，且要求搅拌均匀、颗粒大小合适、适口性好。一般要求雏鸡饲料的营养水平为：代谢能11.9~12.1兆焦/千克，粗蛋白质18%~20%。配方可参考使用：玉米63.3%、麸皮4.7%、豆粕22.6%、花生粕3%、菜粕2%、鱼粉1%、氢钙1.4%、石粉0.7%、食盐0.3%、预混料1%。每配一次饲料饲喂时间不能过长，1周内吃完为宜。

在梅雨季节更要现配现用，成品饲料宜在7天用完，不宜久存。同时，要做好饲料的贮存保管工作，避免虫咬鼠盗，受潮发霉，以防变质。

要拟定好免疫程序，准备充足的疫苗。在购买时，要谨慎选择生产厂家和生产日期。除了准备必要的疫苗等生物制品外，还要准备必要的防治白痢、球虫的药物（如球痢灵、杜球、三字球虫粉等）、抗应激剂（如维生素C、速溶多维）、营养剂（如糖、奶粉、电解多维等）、消毒药（酸类、醛类、氯制剂等，准备3~5种消毒药交替使用）。

此外，还要准备足量的温开水，以便雏鸡进舍时饮用。冬天温开水的温度通常以20~25℃为宜。

五、育雏舍的清洗、消毒和预温

（一）房舍和装备的维修

进鸡前 15 天，修补鸡舍，确保鸡安全。房舍的修缮应保证其保温和通风良好，不漏雨，不潮湿。装备的维修包括对笼具、水线、料槽、照明电、通风、加温设施等。准备足够的喂料盘或喂料用塑料布、饮水器。

（二）清洗与消毒

雏鸡入舍前，鸡舍应空置 2 周以上，在进雏前 1 周，对育雏鸡舍墙壁、地面、饲养设备以及鸡舍周围彻底冲洗，鸡舍充分干燥后，采用两种以上的消毒剂交替进行 3 次以上的喷洒消毒。关闭所有门窗、通风孔，对育雏鸡舍升温，温度达到 25℃ 以上时，每立方米空间用福尔马林 28 毫升、高锰酸钾 14 克，对鸡舍和用具进行熏蒸消毒，先放高锰酸钾在舍内瓷器中，后加入福尔马林，使其产生烟雾状甲醛气体，熏蒸 2~4 小时后打开门窗通风换气。

平养通常要对即将使用的料桶、水桶或水槽进行浸泡消毒；笼养通常要对即将使用的水壶、开食盘、饮水器进行浸泡消毒。浸泡消毒时可将这些待使用的用具放入容器内，此后加上配制好的消毒水，直至将全部用具沉没，浸泡半天后，即可取出用具晾干，搬入鸡舍备用。

育雏开始前应在门前设消毒池。

（三）鸡舍的预热

在进雏的前 3 天，要利用加温装备进行预温，经过预温使鸡舍内温度达到适宜接雏的温度，舍温达 32~35℃，定好操作日程和防检制度。

第二节　育雏期的饲养

一、制定育雏期饲养管理的措施

雏鸡培育是土鸡放养中一项细致而重要的工作，雏鸡培育得好坏直接影响雏鸡的生长发育、成鸡的生产力和经济效益。雏鸡的生理特点与成鸡有很大差别，因而必须根据雏鸡的生理特点来制定育雏期饲养管理的措施。

（一）雏鸡体温调节机能较差，应提供适宜环境温度，坚持看鸡施温

初生雏体温调节中枢的机能还不完善，体温又比成鸡低 $1\sim3℃$，刚出生时全身都是绒毛，缺乏抗寒和保温能力，既怕热又怕冷，随着日龄的增长，绒毛逐渐换成羽毛，保温能力逐渐增强，同时体温调节机能也逐渐完善。根据雏鸡这一生理特点，在育雏期要提供适宜的环境温度。一般第1周 $35\to33℃$，第2周 $33\to31℃$，第3周 $31\to28℃$，第4周 $28\to24℃$，以后逐渐降低到室温。在具体执行时还要根据雏鸡对温度的反应情况和环境气候状况进行看鸡施温。

（二）雏鸡代谢旺盛生长迅速，应提供优质全价饲料，加强通风换气

雏鸡代谢旺盛，心跳快，单位体重耗氧量和排出二氧化碳的量比家畜高1倍以上，需要不断供给新鲜空气，因此在管理上要加强通风换气。羽毛生长也特别快，而羽毛中蛋白质含量为 $80\%\sim82\%$，因此应提供高蛋白全价饲料。饲料中的蛋白质应以动物性蛋白为主，并及时扩群，使每只鸡都有足够的活动空间和饮食设施，以利于雏鸡的生长发育。

（三）雏鸡消化吸收机能较弱，应提供易消化的饲料，坚持少喂勤添

雏鸡胃的容积小，进食量有限，肌胃研磨饲料的能力弱，消化道内又缺乏一些消化酶，其消化能力必然较差，根据这一特点在饲养管理上应做到少喂勤添，提供纤维含量低、易消化的饲料。

（四）雏鸡免疫机能尚未健全，应采用全封闭育雏法，加强疫病防治

雏鸡免疫机能不健全，容易受到各种病原微生物的侵害而感染疾病，因此应采取各种防病抗病措施，确保其健康生长。入舍前对鸡舍及周围环境进行清扫、冲洗、消毒，育雏期间定期带鸡消毒，减少发病概率；采用全封闭育雏法，杜绝疫病传入；根据母源抗体水平和当地疫情，及时做好防疫接种工作，增强抗病能力。

（五）雏鸡喜群居胆小怕受惊，应做好防鼠灭害工作，保持环境安静

雏鸡喜群居，胆小怕受惊，各种惊吓和环境条件的突然改变，都会使其惊恐不安，因此在重点做好防鼠灭害工作的同时，饲养员在工作中还应轻拿轻放，避免各种应激因素对雏鸡的影响，保持环境安静，确保其生长良好。

（六）雏鸡水分消耗多易脱水，应及时补充鸡体水分，防止脱水

种蛋在 21 天高温孵化过程中蛋内水分消耗大，雏鸡出壳后又经过分捡、防疫、运输，才送达育雏舍，这段时间较长，雏鸡很容易脱水，因此应及时供给饮水，最好是温开水，水中添加 5%～8% 的葡萄糖和少量维生素 C，以防应激和脱水。

（七）适当训练

育雏期，要在饲料中添加适量切碎的青菜叶或野菜叶，逐步锻炼鸡雏采食、消化粗饲料的能力。7 周龄脱温后，只要天气合适，室内外温差不是很大，都应定时将鸡群放到棚前的空闲地上，通过约束训练，逐步扩大活动范围、延长活动时间，直至鸡群能自由活动。饲喂量要逐步减少，遵循"早少晚饱"的原则，以调动鸡群外出觅食的积极性。

二、育雏方式

（一）地面育雏

把雏鸡放在铺有垫料的地面上进行饲养的方法称为地面育雏。从

加温方法来说，可分为地下烟道育雏、煤炉育雏、电热或煤气保温伞育雏、电热板或电热毯育雏、红外线灯育雏、远红外板育雏和地下暖管升温育雏等。

1. 地下烟道育雏

地下烟道用砖或土坯砌成，其结构形式多样，要根据育雏室的大小来设计。较大的育雏室，烟道的条数要相对多些，采用长烟道；育雏室较小，可采用"田"字形环绕烟道。其原理都是通过烟道对地面和育雏室空间进行加温，以升高育雏温度。

地下烟道育雏优点较多：①育雏室的实际利用面积大。②没有煤炉加温时的煤烟味，室内空气较为新鲜。③温度散发较为均匀，地面和垫料暖和，由于温度是从地面上升，小鸡腹部受热，因此雏鸡较为舒适。④垫料干燥，空气湿度小，可避免球虫病及其他病菌繁殖，有利于小鸡的健康。⑤一旦温度达到标准，维持温度所需要的燃料将少于其他方法，在同样的房屋和育雏条件下，地下烟道的耗煤量比煤炉育雏的耗煤量至少省1/3。

因此，烟道加温的育雏方式对中小型土鸡场和较大规模的土鸡养殖户较为适用。值得注意的是，在设计烟道时，烟道的口径进口处应大，往出烟处应逐渐变小，由进口到出口应有一定的上升坡势，烟道出烟处切不放在北面，要按风向设计。

为了提高热效率和育雏室的利用率，可采用平顶天花板加笼育的方法。在管理上，天花板要留有通风出气孔，根据室温及有害气体的浓度经常进行调节，必要时应在出气孔处安装排风扇，以便在温度过高等紧急情况下加强排气，按育雏温度标准调节室温。

2. 煤炉育雏

煤炉可用铁皮制成或用烤火炉改制而成，炉上设有铁皮制成的伞形罩或平面盖，并留有出气孔，以便接上通风管道，管道接至室外，以便排出煤气。煤炉下部有一个进气孔，并用铁皮制成调节板，以便调节进气量和炉温。煤炉育雏的优点是：经济实用，耗煤量不大，保温性能稳定。在日常使用中，由于煤炭燃烧需要一段时间，升温较慢，因此要掌握煤炉的性能，要根据室温及时添加煤炭和调节通风量，确保温度平稳。在安装过程中，炉管由炉子到室外要逐步向上倾斜，漏烟的地方用稀泥封住，以利于煤气排出。若安装不当，煤气往往会倒流，造成室内煤气浓度大，甚至导致小鸡煤气中毒。在较大的育雏室内使用煤炉升温育雏时，往往要考虑辅助升温设备，因为单靠煤炉升温，要达到所需的温度，需消耗较多的煤炭，另外在早春很难达到理想的温度。在具体应用中，用煤炉将室温升高到15℃以上，再考虑使用电热伞或煤气保温伞以及其他辅助加温设备，这样既节省燃料和能源成本，也能预防煤炉熄灭、温度下降而无法及时补偿的缺陷。

3. 电热或煤气保温伞育雏

保温伞可用铁皮、铝皮、木板或纤维板制成，也可用钢筋和耐火布料制成，热源可用电热丝或电热板，也可用石油液化气燃烧供热。伞内附有乙醚膨胀饼和微动开关或电子继电器与水银导电表组成的控温系统。在使用过程中，可按雏鸡不同日龄对温度需要来调整调节器的旋钮。保温伞育雏的优点是：可以人工控制和调节温度，升温较快而平衡，室内清洁，管理较为方便，节省劳力，育雏效果好。缺点是要有相当的室温来保证，一般说来，室温应在15℃以上。这样保温伞才有工作和休息的间隔，如果保温伞一直保持运转状态，会烧坏保温伞，缩短使用寿命。另外，如遇停电，在没有一定室温的情况下，温度会急剧下降，影响育雏效果。

通常情况下，在中小规模的鸡场中，可采用煤炉维持室温，采用保温伞供给雏鸡所需的温度，炉温高时，室温也较高，保温伞可停止工作；炉温低时，室温相对降低，保温伞自动开启。这样在整个育雏过程中，不会因温差过高或过低而影响雏鸡健康。同时，也可以获得较为理想的饲料报酬。

4. 电热板或电热毯育雏

原理是利用电热加温，小鸡直接在电热板或电热毯上取得热量，电热板和毯配有电子控温系统以调节温度。

5. 红外线灯育雏

指用红外线灯发出的热量育雏。市售的红外线灯为250瓦，红外线灯一般悬挂在离地面35～40厘米的高度，在使用中红外线灯的高度应根据具体情况来调节。雏鸡可自由选择离灯较远处或较近处活动。

外线灯育雏的优点是：温度均匀，室内清洁。但是，一般也只作辅助加温，不能单独使用，否则，灯泡易损，耗电量也大，加热效果不如保温伞好，成本也较大。一盏红外线灯使用24小时耗电6度，费用昂贵，停电时温度下降快。

6. 远红外板育雏

采用远红外板散发的热量来育雏。根据育雏室面积大小和育雏温度的需要，选择不同规格的远红外板，安装自动控温装置进行保温育雏。使用时，一般悬挂在离地面1米左右的高度。也可直立地面，但四周需用隔网隔开，避免小鸡直接接触而烫伤。每块1 000瓦的远红外板的保暖空间可达10.7米^3，其热效果和用电成本优于红外线灯，并且具有其他电热育雏设备共同的优点。

7. 地下暖管升温育雏

其方法是在鸡舍建筑时，于育雏室地面下埋入循环管道，管道上铺盖导热材料。管道的循环长度和管道间隔可根据需要进行设计。其热源可用暖气、地热资源或工业废热水循环散热加温。这种方法的优点是：热量散发均匀，地面和垫料干燥，几乎所有的雏鸡都有舒适的生活环境，可获得比较理想的育雏效果。如果利用工业废水循环加热，则可节省能源和育雏成本，比较适用于工矿企业的鸡场。

（二）网上育雏

网上育雏是把雏鸡饲养在网床上。网床由网架、网底及四周的围网组成。床架可就地取材，用木、铁、竹、塑料等均可，底网和围网可用网眼大小一般不超过1.2厘米×1.2厘米的铁丝网、特制的塑料网。网床大小可根据房屋面积及床位安排来决定，一般长200厘米、宽100厘米、高100厘米、底网离地面或炕面50厘米。每床可养雏鸡50~80只。加温方法可采用煤炉、热气管或地下烟道等方法。

网上育雏的优点是：可节省大量垫料，鸡粪可落入网下，全部收集和利用，增加效益。此外，由于雏鸡不接触鸡粪和地面，环境卫生能得到较好的改善，减少了球虫病及其他疾病传播的机会。还由于雏鸡不直接接触地面的寒、湿气，降低了发病率，育雏成活率较高。但要注意日粮中营养物质的平衡，满足雏鸡对各种营养物质的需要，达到既节省成本，又提高育雏效果的目的。

（三）雏鸡笼养育雏

笼养育雏的优点是饲养密度大，单位房舍面积养育的雏鸡多，雏鸡不直接与粪便接触，可以较好地预防球虫病，雏鸡成活率高，均匀度好，而且节省能源，管理也较方便。但一次性投资较大。

育雏笼内的热源可用电热管或热水管，也可用地下烟道加温或煤炉加温提高育雏室温度或直接给雏鸡供温。地下烟道加温可使上下层鸡笼的温度差缩小，效果较好。

笼养雏鸡的管理要点：①育雏早期易出现湿度偏低，应注意增加饮水位置，将饮水器置于距热源较近部位，必要时用热水适当喷洒地面。②采用多层重叠育雏笼时，室内不宜放置过多的笼具，以防通风不良。③注意各层笼的温度差异，根据鸡只强弱作相应调整，将弱雏置于温度稍高的笼子。④根据鸡只大小及生长发育状况经常作横向分群，不断调整饲养密度。开始时尽量少用笼育雏，10日龄后逐步分群到其他笼中。

三、雏鸡的选择与运输

（一）雏鸡的选择

小鸡出壳有早有晚，有强有弱。进行选择有两种方法：一种是按出雏时间早晚分，早孵出的小雏质量较好，晚孵出的较差，特别是最后孵出的所谓"鸡底"，质量最差，不太好养。另一种是按雏的健康情况来分，从外表看，眼大有神，腿干结实，腹部收缩良好，肚脐没有血痕，握在于心里感到饱满有劲、极力想挣脱的体质较强。而弱雏精神不好，反应迟钝、不爱活动、怕冷，常喜欢靠近火源，肚子大而硬、脐部收缩不良，有血痕，抓在手里有松软无力之感。此外，在接雏时如果发现肛门粘满白粪，或畸形、病弱的幼雏，就不要接出孵化室，应就地淘汰。

（二）接雏

1. 接雏时间

用户向种鸡场或孵化场预购雏鸡，一定要按照场方通知的接雏时间按时到达。为了保证雏鸡的健康和正常的生长发育，在雏鸡绒毛干后尽早启程运输。早春运雏时间应安排在中午前后，夏季运雏应在早晨或傍晚凉爽时进行。

2. 运雏工具

运输工具可根据距离远近选用飞机、火车、汽车、轮船等。运输时，必须做到稳、快，以免运输时间加长。装雏工具最好选用专门的雏鸡箱，一般长 60 厘米，宽 45 厘米，高 18 厘米，内分 4 个小格，每个小格放 25 只雏鸡，每箱共放 100 只。箱子四周有若干个直径为 2 厘米的通气孔。没有专用雏鸡箱时，可用厚纸箱、塑料筐等代替。不管采用哪种装雏工具，均应注意密度不宜过大、通气、保温、耐一定压力，并在底部垫 2~3 厘米厚的柔软垫，切不可垫塑料薄膜。冬季和早春运雏要带防寒用具，夏季运雏要带遮阳防雨用具。所有运雏工具在使用前都要进行严格消毒。

3. 运雏过程中的注意事项

装车时，每行雏鸡箱间和雏鸡箱与雏鸡箱间要留有间隙，并用辅料挤紧，防止雏鸡箱滑动，并避免倾斜。在途中要注意观察雏鸡表现，如发现过热、过凉或通气不良，要及时采取措施，防止因闷、压、凉等造成死亡或继发疾病。汽车运输时，要注意平稳，中途不宜停车时间过长，并要求在雏鸡出壳后 48 小时内到达目的地开食、开水，避免运输时间过长对雏鸡生长发育不利。

运输人员要携带身份证、检疫证、合格证、种畜禽生产经营许可证、路单以及有关的行车手续。

四、雏鸡的饮水和开食

（一）雏鸡的饮水

初生雏鸡第一次饮水称为"初饮""开水"。

1. 饮水最好在出壳后 24 小时内进行

正常情况下，雏鸡出壳不整齐，有些鸡苗在出雏鸡停留的时间较久，养殖户领回时往往都会超过 24 小时，所以雏鸡到舍时，要尽快使其饮上水，及时饮水有利于促进胃肠蠕动、吸收残留卵粪、排卵胎粪、增进食欲、利于开食。在第 1 天的饮水中应加入 5%~8% 的葡萄糖，以消除因长途运输而引起的疲劳，恢复体力。但葡萄糖只需用 1 天，时间过长，会影响卵黄吸收。

2. 必须有足够的饮水空间

使每只鸡在 3 小时内都能饮到水。饮水器按照每只鸡 3 厘米的水位配置，一般 30~40 只鸡用一个与鸡龄相适应的饮水器。饮水要清洁卫生、新鲜，饮水器要经常清洗消毒，防止粪便污染。饮水器的高度与鸡背同高为宜，饮水器的高度要随雏鸡日龄增长及时调整。在饲养期内的各个阶段，使饮水器尽量均匀分布在鸡活动的范围内。

3. 添加必要的药物

由于雏鸡在出雏到鸡舍时经历转盘、调苗、接种疫苗、运输等等一系列的应激，所以在头 3 天的饮水中最好加入电解质（如开食补液盐），并加入一定量的电解多维。雏鸡在第 1 周由于容易感染白痢，特别是土鸡种鸡没有强制进行沙门氏菌净化，雏鸡带菌是普遍现象，所以有必要使用抗白痢药物预防白痢。要注意的是，在前 3 天由于雏鸡以消化卵黄的营养为主，雏鸡的采食量会有个体差异，抗白痢药物最好用饮水添加，这样用药才更均匀。

幼雏初饮后，无论何时都不能断水。

（二）雏鸡的开食

给初生雏鸡第一次喂料叫开食。

1. 雏鸡开食时间

雏鸡在入舍饮水后 2~3 小时进行。开食的饲料要求新鲜，颗粒大小适中，易于啄食，营养丰富，容易消化，建议采用正规厂家提供的全价雏鸡料。雏鸡料放在铝制或木制的小料盘内，使其自由采食，为了使雏鸡容易见到饲料，可适当增加室内的照明。

2. 饲喂次数

第 1 周每天饲喂 6 次以上，第 2 周每天饲喂 4~6 次，3 周龄后，喂料要有计划，要让鸡将食槽的料吃完了后再喂料。

3. 采食的空间与时间

要让鸡有足够的采食空间以满足其需要。在开始的 3 周内，应让鸡在任何时间都能得到饲料。

4. 加料量

每次加料以料盘的1/4高度为宜，注意随时清理料盘中的粪便和垫料，以免影响鸡的采食及健康。

5. 日粮要求

育雏期建议饲喂全价配合饲料，0~4周龄雏鸡日粮营养水平见表5-1。

表5-1 土鸡0~4周龄饲料营养水平

营养指标	含量
代谢能（兆焦/千克）	12.12
粗蛋白（%）	21.00
赖氨酸（%）	1.05
含硫氨基酸（%）	0.46
钙（%）	1.00
非植酸磷（%）	0.45

第三节 育雏期的日常管理

一、温度

1~3日龄育雏舍温度为33~35℃，以后逐周降低，到6周龄温度降至18~21℃或与室外温度一致；夜间气温低，应使舍内温度保持与日间一致。育雏期的适宜温度见表5-2。

表5-2 雏鸡各阶段的适宜温度

阶段	1~3日龄	2周龄	3周龄	4周龄	5周龄	6周龄
适宜温度	33~35℃	28~30℃	26~28℃	24~26℃	21~24℃	18~21℃

二、湿度

虽然相对湿度不像温度那样要求严格，但在极端情况下或与其他因素共同发生作用时，可能对雏鸡造成较大危害。0~7日龄，相对湿度为65%~70%；8~10日龄为60%~65%；15~28日龄为55%~

60%；28 日龄后稳定在 55%左右。

三、密度

育雏期饲养密度主要依据周龄和饲养方式而定。笼养，1~3 周龄密度为 30~50 只/米²，4~6 周龄 15~25 只/米²。平养，1~3 周龄密度为 20~35 只/米²，4~6 周龄 10~20 只/米²。

四、断喙

土鸡在放养情况下，由于鸡群的饲养密度小，活动范围大，发生啄癖的现象情况少，且放养时需要用喙去啄食，因此，散养土鸡模式的养殖户一定要谨慎断喙，断喙可能会让消费者认为是圈养鸡而影响鸡的销售价格。

如果为减少啄癖的发生而确定需要断喙，也要严格控制断喙长度，断喙时将雏鸡喙尖在断喙器上轻轻地烙烫，去掉上喙尖钩即可，以保证上市时成鸡喙的完整性。断喙前 1 天在饮水中加入复合维生素以减少应激。

断喙虽然可以有效地防止啄癖的发生，但会给鸡造成极大的痛苦。为了减轻鸡的痛苦，可以给优质鸡带眼罩，防止发生啄癖。

鸡眼罩又叫鸡眼镜，是用佩戴在鸡的头部遮挡鸡眼正常平视光线的特殊材料。使鸡不能正常平视，只能斜视和看下方，防止饲养在一起的鸡群相互打架，相互啄毛、啄肛、啄趾、啄蛋等，降低死亡率，提高养殖效益。可以让土鸡戴着眼镜出售，这样就出现了一种新型的眼镜土鸡，售价相对就可以提高很多。

当土鸡体重达 500 克以后，就开始佩戴鸡眼罩至上市。把鸡固定好，先用一个牙签或金属细针在鸡的鼻孔里用力扎一下并穿透，如有少量出血，可用酒精棉擦拭。左手抓住鸡眼镜突出部分向上，插件先插入鸡眼镜右孔后对准鸡鼻孔，右手用力穿过鸡鼻孔，最后插入镜片左眼，整个安装过程完毕。

五、光照时间和强度

密闭鸡舍 1~3 日龄 24 小时光照，以后每天为 23~20 小时，避免在突然停电情况下，雏鸡惊群。光照强度不可过大，否则会引起啄癖。开放式鸡舍白天应采取限制部分自然光照，这可通过遮盖部分窗户来达到此目的。随着鸡的日龄增大，光照强度则由强变弱。1~2周龄时，每平方米应有2.4~3.2瓦的光照度（灯距离地面2米）；从第3周龄开始改用每平方米0.8~1.3瓦；4周龄后，弱光可使鸡群安静，有利于生长。

六、通风换气

保持空气新鲜，舍内不应有刺鼻、刺眼的感觉。为使室内保持有新鲜空气就必须处理好温度和通风的关系，寒冷季节理想的通风方式为横向通风，横向通风进风口与排风口距离较近，比较容易在短时间内将污染空气排出舍外，通风方法有自然和机械通风两种，密闭鸡舍多采用后者。

七、观察鸡群

每隔1~2小时观察一次鸡群，若鸡群挤在一堆则可轻轻拍打育雏器，使小鸡分散，以免压死小鸡。通过喂料的机会观察雏鸡对给料的反应、采食的速度、争抢程度、采食量等，以了解雏鸡的健康情况；每天观察粪便的形状和颜色，以判断饲料的质量和发病的情况；留心观察雏鸡的羽毛状况、眼神、对声音的反应等，通过多方面判断来确定采取何种措施。

发现有严重缺陷的鸡，要随时挑出和淘汰，适时调整和疏散鸡群，注意护理弱雏，提高育雏的质量。

八、做好记录

认真做好各项记录。每天检查记录的项目有：健康状况、光照、雏鸡分布情况、粪便情况、温度、湿度、死亡、通风、饲料变化、采食量及饮水情况等等。

九、消毒

带鸡消毒在养鸡业中应用广泛，常用的消毒药有氯制剂、碘制剂等。采用喷雾法，高度超过鸡背 20~30 厘米，一般每天 1~2 次，可预防疾病和净化舍内空气。同时育雏期的一切工具，都要定时消毒。

十、雏鸡的免疫

为防止雏鸡各种传染病的发生，应根据种鸡场提供的鸡免疫程序，做好鸡新城疫、传染性法氏囊炎、传染性支气管炎、禽流感、鸡痘等疾病的免疫工作。

（一）防疫

下列推荐的免疫程序供参考。见表 5-3。

表 5-3 土鸡育雏期推荐免疫程序

日龄	疫苗	免疫方法
1	鸡马立克氏病火鸡疱疹病毒活疫苗	皮下注射
3~5	鸡传染性支气管炎疫苗	点眼或滴鼻
8~10	新城疫克隆 30 或 Ⅳ 系+H120	滴鼻或饮水
13~15	法氏囊 B87 或法氏囊多价苗	滴鼻或饮水
	鸡痘疫苗	翅部刺种或皮下注射
15~18	禽流感 H5+H9 二联灭活苗	皮下或肌内注射
23~25	法氏囊 B87 或法氏囊多价疫苗	滴鼻或饮水
30~35	新城疫克隆 30 或 Ⅳ 系+传支 H52	滴鼻或饮水
	或新城疫-传支二联灭活苗	皮下或肌内注射
40~45	禽流感 H5+H9 二联灭活苗	皮下或肌内注射

注：马立克氏病疫苗一般在孵化场内就已经做过

（二）药物预防

4~21 日龄鸡白痢最易发生，从第 3 日开始在饲料中添加药物预防。预防药物如蒽诺沙星、大蒜汁等；15~60 日龄易发生鸡球虫病，可用克球粉、氯苯胍、青霉素等，加入饮水中，药物连喂 5 天后停 2 天，可继续饲喂。在中后期防治疾病尽可能不用人工合成药物，多采用中药或生物防治，以减少和控制鸡肉中的药物残留。

第六章

加强育成期的放养管理

第一节 土鸡育成期的生理特点与一般管理

雏鸡 7~21 周龄是育成期阶段。育成期饲养管理的好坏，决定了鸡在性成熟后的体质、产蛋性能和种用价值。

一、土鸡育成期的生理特点

育成期仍处于生长迅速、发育旺盛的时期，机体各系统的机能基本发育健全；羽毛已经丰满，长出成羽，具备了体温自体调节能力；消化能力日趋健全，食欲旺盛；钙、磷的吸收能力不断提高，骨骼发育处于旺盛时期，此时肌肉发育最快；脂肪的沉积能力随着日龄的增长而增大，必须密切注意，否则鸡体过肥，对以后的产蛋量和蛋壳质量有极大的影响；体重的增长随日龄的增加而逐渐下降，但育成期仍然增重幅度最大；小母鸡从第 11 周龄起，卵巢滤泡逐渐积累营养物质，滤泡渐渐增大；18 周龄以后性器官发育更为迅速。由于 12 周龄以后性器官发育很快，对光照时间长短的反应非常敏感，不限制光照，将会出现过早产蛋等情况。

二、土雏鸡的脱温

脱温或称离温，是指停止保温，使雏鸡在自然的室温条件下生活。土雏鸡随着日龄的增长，采食量增大，体重增加，体温调节机能逐渐完善，抗寒能力较强，或育雏期气温较高，已达到育雏所要求的温度时，此时要考虑脱温。

脱温时间，春雏和冬雏一般在 30~45 日龄，夏雏和秋雏脱温时间较早，冬雏 50~60 日龄。脱温时期的早、晚因气温高低、雏鸡品种、健康状况、生长速度快慢等不同而定，脱温时期要灵活掌握。如冬雏往往已到脱温日龄，但室内外温度较低、昼夜温差较大，或者雏鸡体弱多病，要延迟脱温。脱温工作要有计划逐渐进行，开始时白天停温，晚上仍然供温，或气温适宜时停温，气温低时供温，经1周左右，当雏鸡已习惯于自然温度时，才完全停止供温。

在养鸡实践中常遇到，特别是冬雏，当脱温后不久，气候突变冷空气袭击，此时仍要适当供温。因此，雏鸡脱温时，仍要注意天气的变化和雏鸡的活动状态，采取相应的措施，防止因温度降低而造成损失。

三、土雏鸡脱温后的一般饲养管理

土雏鸡脱温后应做好以下几方面工作。

（一）放养棚舍

放牧鸡的地方必须有采食的饲料资源，即昆虫、饲草、野菜、草籽等。也可以选择使用山地、坡地、林果地、农田、荒地、草场及草山、草坡、河湖滩涂和经济林地等地方，要求并不严格。最好是地势平坦或者缓坡、背风向阳的地方。放牧饲养时，每亩土地可以饲养鸡200~300只。有条件的地方可以轮换放牧，有利于资源的可持续利用，提高经济效益。搭建棚舍的技术要求不严格，尽量选择坐北朝南的地方，高度2米以上，跨度4~5米，能够做到避风、遮雨、遮蔽阳光照射，有利于防止鼠害即可。建筑材料可以因地制宜，简易板房，也可搭建塑料大棚，北方黄土高原地区可依山势建土窑洞，供鸡晚上休息所用。

（二）栖架

放养土鸡有登高栖息的习性，需要设置栖架，栖架由数根栖木组成，栖木大小应视鸡舍内鸡数而定。每只鸡占有栖木长度因品种不同稍有差异，一般为17~20厘米。整个栖架为阶梯状，前低后高，栖架离地面高度一般为50~70厘米，最里边一根栖木距墙为30厘米。每根栖木之间的距离应不少于30厘米。每根栖木横断面为2.5厘米×4厘米；上部表面应制成半圆形，以利于鸡趾抓住栖木。栖架应定期洗涤消毒，防止形成"粪钉"，影响鸡栖息或造成趾痛。

（三）训练鸡上栖架

为避免夜间鸡群归舍后挤压、受潮、受惊，应调教鸡上栖架，应设置坡式上架或梯子引导鸡只上架，如果鸡不能自动上架，饲养员应在夜间把鸡抱上架，训导鸡只形成归舍后尽量全部上架的习惯。

（四）调教

散养鸡可以自由活动、采食，给饲养管理工作带来了一定的困难。因此，散养土鸡从小就要进行调教，养成良好的条件反射，以便于管理。调教是指在特定环境下给予特殊指令或信号，使鸡逐渐形成条件反射或产生习惯性行为。

1. 喂料饮水的调教

从育雏期开始，每次喂料时给鸡群相同的信号（如吹哨、敲打料盆等），使其形成条件反射。放养后通过该信号指挥鸡群回舍、饲喂、饮水等活动。坚持放养定人，喂料、饮水定时、定点，逐渐调教，形成白天野外采食，晚上返回鸡舍补饲、饮水、休息的习惯。

2. 放牧调教

放养前 1 天下午或傍晚一次性把雏鸡转入放养地鸡舍，第 2 天早晨天亮后不要马上放鸡，要让鸡在鸡舍内停留较长的一段时间，以便熟悉新环境。等到上午 9 点以后再放出喂料。饲槽放在离鸡舍 1~5 米远的地方，让鸡自由觅食。开始几天，每天放养时间要短，以后逐日增加放养时间，并设围栏限制活动范围，然后再不断扩大放养面积。

第二节　土鸡育成期的放养管理

一、放养前的准备工作

（一）对放养地点进行检查

查看围栏是否有漏洞，如有漏洞应及时进行修补，减少鼠害、蛇等天敌的侵袭造成鸡的损失，在放养地搭建固定式鸡舍或安置移动式鸡舍，以便鸡群在雨天和夜晚歇息。在放养前，灭鼠 1 次，但应注意使用的药物，以免毒死鸡。

对鸡棚下地面进行平整、夯实，然后喷洒生石灰水等进行消毒。垫草要求无污染、无霉变、松软、干燥、吸水力强以及长短适宜，可选择锯末、刨花、谷壳和干树叶等。每 100 只鸡需要一个 8 千克的塑料饮水器。饲槽按每只鸡 3 厘米采食宽度设置，也可选择塑料料桶。开始放养的一段时间内，鸡仍以采食饲料为主，以后逐步转为以觅食为主，所以应备足饲料。

（二）鸡群筛选

对拟放养的鸡群进行筛选，淘汰病弱、残疾和体弱鸡只。

（三）强化训练

雏鸡在育雏期即进行调教训练，育雏期在投料时以口哨声或敲击声进行适应性训练。放养开始时强化调教训练，在放养初期，饲养员边吹哨或敲盆边抛撒饲料，让鸡跟随采食；傍晚，再采用相同的方法进行归巢训练，使鸡产生条件反射形成习惯性行为。通过适应性锻炼，让鸡群适应环境，放养时间根据鸡对放养环境的适应情况逐渐延长。

二、放养密度

放养应坚持"宜稀不宜密"的原则。根据林地、果园、草场、农田等不同生态饲养环境条件，其放养的适宜规模和密度也有所不同。各种类型的放养场地均应采用全进全出制，一般一年饲养 2 批次，根据土壤畜禽粪尿（氮元素）承载能力及生态平衡，在不施加化肥的情况下，不同放养场地养殖密度分别如下。

阔叶林：承载能力 134 只/亩/年，每年饲养 2 批，密度为每批不超过 60 只/亩。

针叶林：承载能力 60 只/亩/年，每年饲养 2 批，密度为每批不超过 30 只/亩。

竹林：承载能力 130 只/亩/年，每年饲养 2 批，密度为每批不超过 65 只/亩。

果园：承载能力 88 只/亩/年，每年饲养 2 批，密度为每批不超过 44 只/亩。

草地：承载能力 50 只/亩/年，每年饲养 2 批，密度为每批不超过 25 只/亩。

山坡、灌木丛：承载能力 80 只/亩/年，每年饲养 2 批，密度每批不超过 40 只/亩。

一般情况下，耕地不适宜进行放养鸡饲养，在施加畜禽粪尿时，每亩土地每年不超过 123 只肉鸡的粪便。

三、土鸡育成期放养的饲养要点

育成期的鸡生长速度快，食欲旺盛，采食量不断增加。饲养目的是使鸡得到充分的发育，为后期的育肥打下基础。这个时期，土鸡的饲养方式一般是放牧结合补饲。

（一）公母鸡分群饲养

一般土公鸡羽毛长得较慢，争斗性强，对蛋白质及其中的赖氨酸等物质利用率较高，饲料效率高；母鸡由于内分泌激素方面的差异，增重慢，饲料效率差。公母分养有利于提高整齐度。

（二）适时放牧

放养前做好信号训练，以哨音为信号，在吹哨的同时给予饲料，让鸡采食，经过 1 周的训练，当鸡听到哨音就可立刻回到饲养员身旁，以保证及时收拢鸡群。加强鸡群看护，防止暴雨、兽害等意外事故的发生。春天至晚秋放养时，应选择无风的晴天。放养的头几天，每天放 2~4 个小时，以后逐渐延长时间。鸡放养不宜太远，一般活动范围控制在半径 8~100 米范围以内。实行分区轮牧，将一定面积的草场划分为几个放牧小区，用 1.5 米高的尼龙网或篱笆相互分隔，每个小区内采用满天星队形放养。合理组织鸡群，强弱分群放养，每群以 250~300 只为好，鸡群不宜过大。一般根据山地草场类型和牧草的数量与质量而定，放养密度每亩草地 250~300 只。

（三）科学补饲

鸡野外自由觅食的自然营养物质，远远不能满足鸡生长的需要。应根据鸡的日龄、生长发育、林地草地类型、天气情况决定人工喂料的次数、时间、营养及喂料量。放养早期多采用营养全面的饲料，以保障鸡群的健康生长。

根据牧地青草生长及营养状况，给鸡群用料桶或食槽科学补饲，颗粒料可以直接撒在地面上补饲。第1~3周，早、中、晚各喂1次，3~4月龄开始早晚各1次。定时定量补饲饲料要根据不同的日龄段，使用全价颗粒料。补饲要定时定量，这样可增强鸡的条件反射。夏秋季可少补，春冬季可多补一些。喂料量随着鸡龄增加，30~60日龄每只鸡补精料25克左右，3~4月龄补30~35克，5~6月龄补40~45克，7~8月龄补50~55克，日补2次，早晨傍晚各1次。

四、土鸡育成期放养的管理要点

（一）鸡只管理

雏鸡脱温后转入成鸡舍，要及时训练鸡只晚上全部上架栖息。尽量减少干扰，保持环境安静。

（二）转群管理

转群是土鸡饲养过程中的重要一环，主要体现在两个方面的转变，一方面是鸡的生活环境的转变；另一方面是鸡所吃的食物的转变。由于环境和饲料的改变，转群会给育成期土鸡带来严重的应激反应。如果对转群不加重视，在养殖过程中可能会出现：短期内鸡的死亡率偏高；发现僵鸡的数量越来越多；鸡患病率增加，而且一旦发病就很难治愈等等问题。因此，正确处理转群，对养殖过程起着非常大的作用。

1. 转群之前的免疫

转群给鸡群带来的应激作用，往往会引起鸡食欲减退，呆立，羽毛蓬松等等；由于鸡群群体的免疫力降低，因此易导致鸡群群发严重疾病，所以转群前必须按照正规的疫苗流程做好必要的免疫措施。

2. 抗应激药物的添加

鸡群在转群放养时，在一个新的环境条件下饲养，会不可避免地产生对鸡不利的各种应激，导致鸡群的抗病能力下降，易感染各种疾病。为此，在转群放养的前后各3天，最好在饲料或饮水中添加一些抗应激的药物，如多维素等。

3. 转群后饲料的供给方式

小鸡在育雏过程中，由于其体温低，抗病能力弱，所以在整个育雏阶段都需要投喂营养均衡的食物。由于转群给鸡造成的应激反应过大，因此建议养殖户们在转群后不要急于更换饲料，继续用原来的小鸡料饲喂一段时间，等鸡群适应后再更换饲料配方。更换饲料时，从用小鸡料到中鸡料，甚至放养时用非常规的配合饲料，都要采用逐步过渡的办法，让鸡群有几天的过渡适应时间。

4. 转群后的温度管理

小鸡在育雏过程中，由于其自身控温能力差，所以整个育雏阶段都需要给予补充一定的温度，确保其正常生长需求。转群放养以前，首先要停止人工给温，使鸡群适应外界气温。开始放养时应选择晴天在小范围进行试放养，每天放养 2~4 小时，以后逐步扩大放养范围和延长放养时间，使鸡逐渐适应环境的变化。转群后由于早晚温差较大，所以建议在鸡舍、鸡棚内准备一些加温设备，比如挂设几个浴霸灯，等夜间鸡群回棚休息温度低时及时开灯保温。

此外，采用放养法饲养，要求鸡舍简易、严密而又轻便，能防兽害。根据鸡群大小和运动场面积，适当搭一些油毡棚充当"避难所"，在鸡群受到雨淋、烈日暴晒、意外惊动等异常情况时紧急避险。油毡棚面积按每平方米容纳 10 只鸡设置。

林地、果园养鸡密度以每 1/15 公顷（1 亩）果园放养 100 只左右为宜。果园内限定鸡群活动范围，可用丝网等围栏分区轮牧。果园放养周期一般 1 个月左右，这样鸡粪喂养果园小草、蚯蚓、昆虫等，给它们一个生息期，等下批鸡到来时又有较多的小草、蚯蚓等供鸡采食，如此往复形成生态食物链，可达到鸡、果双丰收。

从鸡舍转移到放养地，或从一个放养地转移到另一个放养地，都要在夜间进行。第 2 天要迟些放鸡，让其认舍；食槽和饮水盆应放在门口，使其熟悉环境。头 5 天仍按舍饲时的饲料量饲喂，以后早晨少喂，晚上喂饱，中午酌情补喂。

（三）驱虫

一般放牧 20~30 天后，就要进行第 1 次驱虫，相隔 20~30 天再进行第 2 次驱虫。主要是驱除体内寄生虫，如蛔虫、绦虫等，可使用驱蛔灵、左旋咪唑或丙硫苯咪唑。第 1 次驱虫，每只鸡用驱蛔灵半片，第 2 次驱虫，每只鸡用驱蛔灵 1 片。可在晚上直接口服或把药片磨成粉，再与饲料拌匀进行喂饲。一定要仔细将药物与饲料拌均匀，否则容易产生药物中毒。第 2 天早上要检查鸡粪，看是否有虫体排出。并要把鸡粪清除干净，以防鸡只食虫体。如发现鸡粪里有成虫，次日晚上可以同等药量再驱虫 1 次。

（四）严防中毒

果园内放养时，果园喷过杀虫药和施用过化肥后，需间隔 7 天以上才可放养，雨天可停 5 天左右。刚放养时最好用尼龙网或竹篱笆圈定放养范围，以防鸡到处乱窜，采食到喷过杀虫药的果叶和被污染的青草等，鸡场应常备解磷定、阿托品等解毒药物，以防不测。

（五）产蛋前的调教

鸡喜欢在光线昏暗、较安静的地方产蛋，这样会有安全感。母鸡在产第一个蛋之前，往往表现出不安，寻找合适的产蛋地点。当鸡看到别的鸡已造好窝或产蛋箱内有蛋时，会产生认同感，也容易把它当做自己的窝而在其中产蛋。鸡的产蛋具有定巢性，一般鸡的第一个蛋产在什么地方，以后仍到这个地方产蛋，如果这个地方被别的鸡占用，宁可在巢门口等候而不愿进入旁边的空巢，在等不及时往往几只鸡同时挤在一个巢箱中产蛋。因此，开产前的调教极为重要。开产前 1 周左右，应放置好产蛋箱，让鸡熟悉产蛋箱内的环境。产蛋箱应背光放置或遮暗，保持产蛋箱处的安静无干扰，产蛋箱要足够，一般要按照 5 只母鸡 1 个产蛋窝。产蛋箱内应铺清洁干燥的垫料。

（六）划区轮牧

根据放养场地草皮的生长和土鸡对饲料的需求，将放养场地按计划分为若干分区，在一定时间内逐区循序轮回放牧，是一种先进的放牧制度。与自由放牧相比，可减少放养场地的浪费，有利于改善场地质量，可防止土鸡寄生性蠕虫的传播。

比如，一个 10 亩的放养鸡场可隔离成 3 个区，区间用铁丝网或尼龙网、木栅栏等隔离。放养鸡从第一分区至第三分区循序利用一遍，再返回第一分区。

根据牧草的再生和寄生性蠕虫的感染情况确定分区内的放牧天数。为保证牧草的充分再生，每一分区内放牧不能采集再生草，同时躲开粪便中排出的寄生性蠕虫的感染，一般分区内的放牧天数不超过6天。

（七）诱虫喂鸡

诱虫是生态放养鸡的重要内容之一。通过诱虫，不仅为放牧鸡提供一定的动物蛋白饲料，降低饲料成本，提高养鸡效益，还能消灭虫害、草害，降低作物和果园的农药使用量，实现生态种植与养殖有机的结合。常用的诱虫法有黑光诱虫法、高压电弧灭虫灯诱虫法、性激素诱虫法、沼气灯法等。

1. 使用黑灯光和电灯诱虫喂鸡

黑光灯诱虫法常见的有两种：一种是高压自镇汞灯泡，一种是黑光灯泡，但利用黑光灯泡诱虫是生产中最常见的。大多数昆虫如飞蛾、蝗虫、螳螂、蚊蝇等，对黑光灯发出的光波极为敏感，利用昆虫的趋光性可大量诱虫。利用黑光灯诱虫需要有220伏、50赫兹的交流电源。灯泡规格有20瓦、30瓦、40瓦及高功率灯具等多种，使用时必须安装防雨罩，可将黑光灯固定在放养地内一定高度的杆子上，或吊在离地面1.5~2米高的地方，安装要牢固。一般每隔200~300米设置1盏。应在傍晚开灯，昆虫飞向黑光灯，碰到灯即撞昏落到地面被鸡直接采食，或落入安装在灯下面的虫体收集袋内，第2天进行收集喂鸡。黑光灯诱虫效果受天气影响较大，高温、无风的夜间虫子较多，而大风、雨天或者降温的天气昆虫较少。因此，遇有不良天气时可不开灯。黑光灯的周围不要使用其他强光灯具，以免影响效果。

2. 高压电弧灭虫灯诱虫法

高压电弧灭虫灯诱虫法也是利用昆虫的趋光性，以高压电弧灯发出的强光引诱昆虫。高压电弧灯一般为500瓦（220伏，50赫兹），将其悬吊于放牧地上，每天傍晚开灯。高压电弧灯发出的光线极强，可将周围2000米以内的昆虫吸引过来。据试验观察，夏季一盏灯每天晚上开启4小时，可使1500只鸡每天的补饲量减少30%。

3. 性激素诱虫法

利用性激素诱虫也是农田和果园诱杀虫子的一种方法。不过相对于光线诱虫而言，其主要应用于作物或果树的虫情测报和降低虫害发生率（多数是捕杀雄性成虫，使雌性成虫失去交配机会而降低虫害的发生率）。

生产中使用的性激素是人工合成的。利用现代分析化学的方法，将不同虫子的性激素成分进行解密，然后人工合成。其诱虫效果较自然激素高。

我国科学工作者经过研究，用人工方法制成了多种害虫的雌性激素信息剂，每逢害虫成虫盛发期，在放牧地块里扎上高约1米的三脚架，架上放置1个盛大半盆水的诱杀盆，中央悬挂1个由性激素剂制成的信息球，此球发出的雌性信息比真雌虫还强，影响距离更远。当雄性成虫嗅到雌性信息后便从四面八方飞来，在狂欢中撞入水盆被淹死。尔后将其作为鸡的美味佳肴。

性激素诱虫的效果受到多种因素的制约，例如，性激素的专一性、种群密度、靶标害虫的飞行距离（搜寻面积的大小）、性诱器周围的环境及气象条件，尤其是温度和风速。性诱器周围的植被也影响诱捕效率（表6-1）。

表6-1　性激素与传统杀虫剂的区别

项目	性激素	传统杀虫剂
毒性	对哺乳动物和鸡无毒	一般有毒
对天敌的影响	天敌能生存	常引起次生害虫发生
污染环境	易被微生物降解	污染比较严重，不可忽视
抗性	至今未见报道	一般引起抗性
施用次数	每年1~2次	一年多次
种群密度	高密度时无效	高密度时有效
处理区面积	较大的处理面积更有效	小面积也有效
处理时间	前世代蛾的整个飞翔期	仅在损失上升之前有效
气候	无风和较大的风速受到影响	雨中无效
选择性	仅对靶标虫种有效	一种药能控制多种害虫

4. 用沼气灯诱虫法

（1）沼气灯诱虫的原理　沼气灯光的波长为 300～1 000 纳米，许多害虫对 330～400 纳米的紫外光有较大的趋光性。夏秋季节，正是沼气池产气和各种虫害发生的高峰期，利用沼气灯光诱蛾养鸡，可以一举多得。

（2）沼气灯的吊装位置　沼气灯应吊在距地面 80～90 厘米处。沼气灯与沼气池相距 30 米以内时，用内径 10 毫米的塑料管作沼气输气管，超过 30 米时应适当增大输气管的管径。也可以在沼气输气管中加入少许水，产生沼气输气局部障碍，使沼气灯产生忽闪现象，增强诱蛾效果。诱蛾时间应根据害虫前半夜多于后半夜的规律，掌握在天黑至夜晚 12:00 为好。

（八）防兽害、鼠害、鹰害、蛇害

有的地区在放牧期间，鸡群会经常受到老鼠、老鹰、黄鼠狼和蛇的危害。应特别注意加强防范，并针对不同的兽害采取不同的防治方法。

1. 防鼠害

老鼠对放牧初期的小鸡有较大的危害性。因为此时的小鸡防御能力差，躲避能力低，很容易受到老鼠的侵袭，即便大一些的鸡，在夜间受到老鼠的干扰也会造成惊群。预防鼠害可采用鼠夹法、毒饵法、灌水法及养鹅驱鼠法等。

（1）鼠夹法　在放牧前 7 天，在放牧地块里投放鼠夹子等捕鼠工具。每一定面积（每亩投放 20～30 个或更多）按照一定的规律投放一定的工具，每天傍晚投放，次日早晨巡查。凡是捕捉到老鼠的鼠夹子，应经过处理（清洗）后再重新投放（曾经夹住老鼠的鼠夹子，带有老鼠的气味，其他老鼠就会产生躲避行为）。但在鸡群放牧期间不可投放鼠夹子。

（2）毒饵法　放牧前 2 周，在放牧地投放一定的毒饵。一般每亩地块投放 2～3 处，记好投放位置，并设置明显的标志。每天在放牧地块检查被毒死的老鼠，及时捡出并深埋。连续投放 1 周后，将剩余的毒饵全部取走，一个不剩，防止鸡采食而中毒。然后继续观察 1 周，将死掉的老鼠全部清除。

（3）灌水法　在放牧前，将经过训练的猫或狗牵到放牧地，让其寻找鼠洞，然后往洞内灌水，迫使其从洞内逃出，然后捕捉。注意有些老鼠一洞多口，防止老鼠从其他洞口逃出。

（4）养鹅驱鼠　以生物方法驱鼠避鼠是值得提倡的。实践中，以鸡鹅结合、生态相克，防治天敌的生物防范兽害技术，取得良好效果。

鹅是由灰雁驯化而来，脚上有蹼，具有水中游泳的本领，喜在水中觅食水草、水藻，在水中嬉戏、求偶、交配。经人类长期驯化，大部分时间在陆地上活动、觅食。因此，其不但具有水陆两栖性，还具有群居性和可调教性，很容易与饲养人员建立友好关系。利用鹅的警觉性、攻击性、合群性、草食性、节律性等特点，进行以鹅护鸡，可收到较好效果。将鹅圈养在鸡舍周围，平时同样放牧，单独补饲，以吃饱为度。鸡鹅比以100∶（2~3）为宜，大群饲养也可为100∶1的比例。

2. 防鹰害

鹰类是益鸟，是人类的朋友，具有灭鼠、捕兔的本领。它们具有敏锐的双眼、飞翔的翅膀和锋利强壮的双爪。在高空中俯视大地上的目标，一旦发现猎物直冲而下，速度快、声音小，攻击目标准确。因此，人们将老鹰称为"草原的保护神"，其对于农作物和草场的鼠害和兔害的控制，维护生态平衡起到非常重要的作用。但是，它们对于草场生态养鸡也具有一定的威胁。

鹰类总的活动规律基本上与鼠类活动规律相同，即初春和秋季多，盛夏和冬季相对较少；早晨（9~11点）下午（4~6点）多，中午少；晴天多，大风天少。鼠类活动盛期，也是鹰类捕鼠高峰期。鼠密度大的地方，鹰类出现的次数和频率也高。鹰类在山区和草原较多，平原较少。但是近年来，无论在山区还是平原，春夏还是秋冬，均有一定的老鹰活动，对鸡群造成一定伤害。由于鹰类是益鸟，是人类的朋友，因此，在生态养鸡的过程中，对它们只能采取驱避的措施而不能捕杀。可采用以下方法驱避。

（1）放炮法　放牧过程中有专人看管，注意观察老鹰的行踪。发现老鹰来袭，立即向老鹰方向的空中放两响鞭炮，使老鹰受到惊吓而逃跑。连续几次之后，老鹰就不敢再接近放牧地了。

（2）稻草人法　在放牧地里，布置几个稻草人，尽量将稻草人扎得高一些，上部捆一些彩色布条，最上面安装1个可以旋转、带有声音的风向标，其声音和颜色及风吹的晃动，对老鹰产生威慑作用而不敢凑近。

（3）人工驱赶法　放牧时专人看管，手持长柄扫帚或其他工具，发现老鹰接近，立即边跑边挥舞工具、边高声驱赶。

（4）罩网法　在放牧地，架起一个大网，离地面3米左右，并将鸡围起来，在特定的范围放牧。老鹰发现目标后直冲而下，接触网后，其爪被网线缠绕，此时饲养人员舞动工具高声驱赶，老鹰即可夺路而逃。

一般而言，老鹰有相对固定的活动领域，即在一定的范围内只有特定几个老鹰活动，其他老鹰不能侵入这一区域，否则将被驱赶。只要老鹰经过几次驱赶惊吓，以后就不敢轻易闯入了。

3. 防黄鼠狼

黄鼠狼又名黄狼、黄鼬，是我国分布较广的野生动物之一。黄鼠狼生性狡猾，一般昼伏夜出，黄昏前后活动最为频繁。除繁殖季节外，多独栖生活；喜欢在道路旁的隐蔽处行窜捕食，行动线路一经习惯则很少改变。黄鼠狼性情凶悍，生命力强，警觉性很高；夏天常在田野里活动，冬季迁居村庄内；洞穴常设在岩石下、树洞中、沟岸边、草垛内和废墟堆里；习惯穴居，定居后习惯从一条路出入；主食野兔、鸟类、蛙、鱼、泥鳅、家鼠及地老虎等。在野生食物采食不足时，对家养鸡形成威胁，尤其是在野外放养鸡，经常遭到黄鼠狼的侵袭。因此，应引起高度重视。

黄鼠狼喜欢穴居，特别喜居干燥的土洞、石洞或树洞，亦经常出入并借住鼠洞。其洞口较光滑，周围多有利落的绒毛和粪便。黄鼠狼有固定的越冬巢穴，巢穴有多个洞口。为了抗寒防雪，巢穴多设在向阳、背风、静僻处，如闲屋、墟堆、仓库、草垛等地。洞口常因黄鼠狼呼吸而形成一触即落的块状霜。巢穴附近及通向觅食场所和水源的途径，就是捕捉黄鼠狼的最佳位置。对于黄鼠狼，可采取以下几种方法进行捕捉或驱赶。

（1）竹筒捕捉法　选择较黄鼠狼稍长的竹筒（60~70厘米），里口直径7厘米，筒内光滑无节。把竹筒斜埋于土中，上口与地面平齐或稍低于地面。筒底放诱饵，如小鼠、青蛙、小鱼、泥鳅等，也可放昆虫等活动物（用网罩住）或火烤过的鸡骨。黄鼠狼觅食钻进竹筒后，无法退出而被活捉。

（2）木箱捕捉法　制做一个长100厘米、高16厘米、宽20厘米的木箱，两头是活闸门。闸门背面中间各钻一个小浅眼，箱体上盖的中间钻一个小孔。闸门升起，浅眼与上盖面平齐。用与箱体等长的细绳，两头各拴一个小钉插入闸门眼中，将闸门定住。细绳中间拴一条7~10厘米长的短绳穿入箱内；底端拴一个小钩挂上诱饵。黄鼠狼拉食饵料，即带动小钉脱离闸门，闸门降下将其关住，遂被活捉。

（3）夹猎法　将踩板安置于黄鼠狼的洞门或经常活动的地方，黄鼠狼一触即被夹获。还可在夹子旁放上鼠、蚌、鱼、家禽及其内脏等诱饵，待黄鼠狼觅食时夹住。

（4）猎狗追踪捕捉法　猎狗追踪黄鼠狼到洞口，如黄鼠狼在洞内，狗会不断摇尾巴或吠叫，这时在洞口设置网具，然后用猎杆从洞的另一端将其赶出洞，然后活捉。

（5）灌水、烟熏捕捉法　利用狗寻找黄鼠狼洞口，随后用网封住洞口，然后往洞内灌水，或往洞内吹烟，迫使其出洞而被活捉。采用这种办法时应注意黄鼠狼的多个洞口，防止其从其他洞口逃窜。

4. 防蛇害

蛇隶属于爬行纲，蛇目。在草原，蛇是捕鼠的能手，对于保护草场生态起到重要作用。但是野外放养鸡，蛇也是天敌之一。尤其是我国南部的省份为甚。其主要对育雏期和放养初期的小鸡危害大。

对付蛇害，我国劳动人民积累了丰富的经验，一般采取两种途径，一是捕捉法，二是驱避法。据资料介绍，凤仙花、七叶一支花、一点红、万年青、半边莲、八角莲、观音竹等，均对蛇有驱避作用。养鹅是预防蛇害非常有效的手段。无论是大蛇还是小蛇，毒蛇还是菜蛇，鹅均不惧怕，或将其吃掉，或将其驱逐出境。

（九）夜间防范

鸡的活动很有规律，日出而动，日落而宿。每天在傍晚，鸡的食欲旺盛，极力采食，以备夜间休息期间进行营养的消化和吸收。同时，夜间也是多种野生动物活动的频繁时间。搞好夜间防范成为鸡场最为重要的工作之一。

总结生产经验，做好夜间防范有以下几种方法。

1. 养鹅报警

鹅是禽类中特殊的动物，警觉性很强，胆子很大，不仅具有报警和防护性，并具有一定的攻击性。在鸡舍周周饲养适量的鹅，可发挥其应有的作用。

2. 安装音响报警器

在不同鸡舍的一定位置（高度与鸡群相近，以便于使鸡受到威胁时发出声音的搜集）安装音响报警器，总控制面板设在值班室。任何一个鸡舍发生异常，控制面板的信号灯就会发出指令，随后值班人员就可前去处理。

3. 安装摄像头

在鸡舍的一定位置安装摄像头，与设置在值班室的电脑形成一体。当发生动物侵入时，值班人员就会通过监控屏幕发现，并及时处理。

（十）减少应激

鸡对外界环境十分敏感，保持环境稳定时提高放养鸡生产性能的关键环节。生产中环境变化或对鸡的应激因素主要有以下几项。

1. 动物的闯入

在放牧期间，家养动物的闯入（以狗和猫为甚）对鸡群有较大的影响。特别是在植被覆盖较差的地块放牧，鸡和其他闯入动物均充分暴露，动物的奔跑、吠叫，对鸡群造成较强的应激。应避免其他动物进入放牧区。有条件的鸡场，可将放牧区用网围住。

2. 饲养人员的更换

在长期的接触中，鸡对饲养人员形成了认可的关系。如果饲养人员突然被更换，对鸡群会产生一种无形的应激。因此，应尽量避免人员的更换。如果更换饲养人员，应该在更换之前让两个人共同饲养一段时间，使鸡对新的主人产生感情，确认其主人地位。

3. 饲喂制度的变更

饲喂制度的改变对鸡也会造成一定的应激。无论是饲喂时间、饮水时间、放牧时间或归牧时间，都不应轻易改变。

4. 位置的改变

在长期的放牧环境中，鸡群对其生活周围的环境产生适应，无论是鸡舍（鸡棚），还是饲具和饮具位置的变更，对其都有一定的影响。比如说，将鸡舍拆掉，在其他地方建造一个非常漂亮的鸡舍，但这群鸡宁可在原来鸡舍的位置上暴露过夜，承受恶劣的环境条件，也决不到新建的鸡舍里过舒适生活。

5. 气候的突变

在环境对鸡群的影响中，气候的变化影响最大，包括突然降温、突然升温、大雨、大风、雷电和冰雹。

突然降温造成的危害是鸡在鸡舍内容易扎堆，相互挤压在一起，发现不及时容易造成底部的鸡被压死和窒息。高温造成的危害是容易中暑。风雨交加或冰雹的出现，往往造成大批死亡。

总结各地生态放养鸡的实践，对不同鸡场的鸡放养期死亡情况进行分析后发现，因疾病死亡占据非常小的比例，而气候条件的变化所造成的死亡占据 50% 左右。在放牧期间，突遇大雨和大风，鸡来不及躲避，被雨水淋透。大雨必然伴随降温，受到雨水侵袭的鸡饥寒交迫，抗病力减退，如不及时发现，很容易继发感冒和其他疾病而死亡。若及时发现，应将其放入温暖的环境下，使其羽毛快速干燥，可避免死亡。放牧期间，雷电对鸡群的影响也很大。尽管很少发生雷击现象，打雷的剧烈响声和闪电的强烈光亮的刺激，往往会出现惊群现象，大批的鸡拥挤在一起，造成底部被压的鸡窒息而死。没有被挤压的鸡，由于受到强烈的刺激，几天才能逐渐恢复。因此，若遇到这样的情况，必须观察鸡群，发现炸群，及时将挤压的鸡群拨开。

对于规模化生态放养鸡而言，必须注意当地的天气预报。遇有不良天气，提前采取措施。

五、提高育成期鸡群整齐度

鸡群的整齐度如何对于开产日龄的集中度和产蛋率的高低有很大

的影响，也是体现饲养品种优劣和饲养技术高低的重要标准之一。没有高的群体均匀度或整齐度，难有好的饲养效果。

影响鸡群均匀度的因素很多，如雏鸡质量、不同批次群体混养、群体过大、放养密度高、投料不足等，应有针对性地采取相应措施。

（一）建立良好的基础群

对于雏鸡的选择和培育是关键。要按照品种标准选择雏鸡，对于体质较弱、明显发育不良、有病或有残疾的雏鸡，坚决淘汰。淘汰体重过大或过小的雏鸡。如果所孵化的雏鸡群体差异较大，可遵循大小分群的原则。按照技术规范育雏，培育健康的雏鸡。

（二）严禁混群饲养

有些鸡场，多批次引进雏鸡，而每一批次的数量都不大。为了管理的方便，将不同批次的鸡混合在一起饲养，这是绝对不允许的。日龄不同，营养要求不同，免疫不同，管理也不同。如果将它们混杂在一起，将造成管理的无章可循，带来不可弥补的后果。

（三）群体规模适中

过大的群体规模是造成群体参差不齐的原因之一。由于规模较大，使那些本来处于劣势的小鸡更加处于劣势地位，使群体的差距越来越大。一般来说，群体规模控制在 500 只左右，最多也不应超过 1 000 只。对于数万只的鸡场，可以分成若干个小区隔离饲养。

（四）密度控制

放养密度是影响群体整齐度的另一个重要因素。与群体规模过大的原理相似，过大的密度严重影响鸡的采食和活动，特别是阻碍一些身体或体重处于劣势的个体发育，使它们与群体之间的差距越来越大。

（五）投料控制

饲料的补充量不足，或者投料工具的实际有效采食面积小，会严重影响鸡的采食，使那些体小、体弱、胆小的鸡永远处于竞争的不利地位而影响生长发育。根据鸡在野外获得的饲料情况，满足其营养要求，合理补充饲料，并集中补料，增加采食面积，是保证群体均匀一致的重要措施。

（六）定时抽测，及时淘汰"拉腿鸡"

作为规范化的养鸡场，应该每周抽检 1 次，计算群体的整齐度。发现均匀度不好，应及时分析原因并采取措施。如果群体比较均匀，而个别鸡发育不良，应该采取果断措施，坚决淘汰那些没有发展前途的"拉腿鸡"。根据观察，群体中的个别"拉腿鸡"，开产期非常晚，有的达 200 天以上还不开产，有的甚至是一生可能不产蛋，饲养这样的鸡毫无意义。

体重抽测是鸡场的日常管理工作之一。从育雏期开始至育成末期基本结束，体重抽测每周 1 次，并绘制成完整的鸡群生长发育曲线。

抽测体重要在夜间进行。晚上 8 点钟以后，将鸡舍灯具关闭，手持手电筒，蒙上红色布料，使之发出较弱的红色光线，以减少对鸡群的应激。随机轻轻抓取鸡，使用电子秤逐只称重，并记录。设计固定记录表格，每次将测定数据记录在同一表格内，并长期保存。

取样应具有代表性，做到随机取样。在鸡舍的不同区域、栖架的不同层次，均要取样，防止取样偏差。

每次抽测的数量依据群体大小而定。一般为群体数量的 5%，大规模养鸡不低于群体数量的 1%，小规模养鸡每次测定数量不低于 50 只。

六、加强土鸡育成期的日常观察

放养土鸡在育成期阶段，搞好鸡群饲养管理的同时，必须经常查看鸡群的健康状况，以便及时发现问题，采取措施，确保鸡群的健康。

（一）观察鸡冠及肉垂颜色

鸡冠及肉垂颜色是鸡只健康与否的重要标志：鲜红色是健康鸡的正常颜色；白色，标明机体消耗过大，一般为营养不良的休产鸡；黄色，是机能障碍或患有寄生虫病的表现；紫色，通常是患鸡痘、禽霍乱的病鸡；黑色，一般患有马立克氏病、鸡痘或冻伤所致。

（二）观察羽毛状况

鸡周身掉毛，但舍内未见羽毛，说明被其他鸡吃掉，这是机体内缺硫所致，应采取补硫措施。鸡在换羽结束、开产前及开产初期羽毛是光亮的，如果此期不光亮是由于缺乏胆固醇，要补喂一些含胆固醇高的饲料。产蛋后期羽毛不光亮、污浊无光或背部掉毛的为高产鸡。

（三）观察食欲情况

食欲旺盛，说明鸡生理状况正常，健康无病。减食，一般是由饲料突然改变、饲养员变更、鸡群受惊等因素所致。不食表明鸡处于重病状态。异食，说明饲料营养不全，特别是矿物质及微量元素不足。挑食，是由于饲料搭配不当、适口性差所致。

（四）观察鸡群状态

健康鸡群表现为精神活泼，反应灵敏。部分鸡精神沉郁，离群闭目呆立、羽毛蓬乱、翅膀下垂、呼吸有声等是发病的预兆或处于发病初期。大部分鸡精神委顿，说明有严重疫病出现，应尽快予以诊治。

（五）观察肛门污浊

鸡在产蛋期，肛门周围大都有粪便污染的痕迹。停产期及不产蛋鸡的肛门清洁，腹部羽毛丰满光滑。若肛门周围有黄色、绿色粪便或有黏液附着，并伴有其他异常表现，则表明鸡患有疾病。

（六）观察粪便颜色、形态及气味

1. 鸡粪便正常情况

健康鸡粪便正常颜色呈灰色，不软不硬，堆状或粗条状，表面覆盖少量白色尿酸盐。其量的多少可以衡量饲料中蛋白质含量的高低及吸收水平。茶褐色黏便是由盲肠排出的正常粪便。

2. 异常粪便

褐色稠粪也属于正常粪便，其恶臭的气味是由于鸡粪在盲肠内停留时间较长所致；红色、棕红色稀粪，说明肠道内有血，可能患有白痢杆菌病或球虫病；黏液状粪便表明患有卵巢炎、腹膜炎，这种鸡已没有生产价值，应尽快淘汰；黄绿色或黄白色附有黏液、血液等恶臭稀粪，说明有胆汁排到肠道内，多见于新城疫、禽霍乱、禽伤寒等急性传染病，发现后应立即隔离，全面诊断予以淘汰；白色糊状或石灰浆样的稀粪，多见于雏鸡白痢杆菌病、传染性法氏囊病等，发现后立即隔离，全面诊断予以淘汰。

七、土鸡育肥期的饲养管理

散养肉用土鸡从 12 周龄至上市的时期是育肥期。此期的饲养要点是促进鸡体内脂肪的沉积，增加鸡的肥度，改善肉质和羽毛的光滑度，做到适时上市。在饲养管理上应注意以下几点。

（一）调整饲料

随着鸡的日龄增长，体内增长的主要组织与中鸡阶段有很大差别。鸡沉积适度的脂肪可改善土鸡的肉质，提高胴体外观的美感。此期一般应提高日粮的代谢能，相对降低蛋白质含量，鸡育肥期的能量一般要求达到每千克 12.54 兆焦，粗蛋白在 15% 左右即可。为了达到这个水平，往往需增加动物性脂肪。

（二）公鸡去势育肥

地方品种的小公鸡性成熟相对较早，通过阉割去势再进行育肥，是我国民间的传统习惯，在许多地区农村至今仍然保持这个传统习惯。小公鸡去势可以避免公鸡性成熟过早，引起追母鸡、争斗、抢食料等，以免小公鸡肥度迅速下降，肉质也跟着下降，影响经济效益。阉鸡的特点是，除去小公鸡的睾丸以后，雄性生长优势消失了，生长期变长，同时沉积脂肪的能力也增强。因此，阉鸡的肌间脂肪和皮下脂肪增多，肌纤维细嫩，风味独特。烹制的阉鸡，肉味鲜美，肉质嫩滑可口。同时土鸡的阉鸡养成后，其体重比同种正常公鸡体重大，载肉量多，深受消费者欢迎。

1. 小公鸡去势方法

一种方法是：在鸡的最后一个肋间，距背中线 1 厘米处，顺肋间方向开口 1 厘米左右。用弓弦法将切口张开，再用铁丝将一根马尾导入腹腔，用马尾将睾丸系膜与背部的联结处捆扎，拉断系膜，使睾丸脱落取出。取出一个睾丸后再取另一个睾丸，必须把睾丸全部取出。如果切口小可不用缝合，切口大则需要缝合。

另一种办法是：用小公鸡去势钳，将去势钳从切口伸入，转动90°，用钳嘴压迫肠道；看见睾丸后，张开钳嘴，把睾丸夹住，夹断睾丸系膜，取出睾丸。公鸡睾丸较大时不宜采用去势钳。

2. 阉鸡注意事项

（1）适时阉割　小公鸡阉割日龄大小会影响阉鸡的成活率和阉割难易程度。过迟过大阉割，鸡出血量增加，死亡率高；过早过小阉割，由于睾丸发育不成熟，睾丸过小，难以操作，故要适时阉割。一般认为地方品种土鸡在体重1千克左右时阉割较为合适。

（2）选择适当的气候条件　公鸡刚阉割后抵抗力显著下降，在恶劣的气候条件下（如下雨、潮湿、寒冷），很容易得病或造成伤口感染，使死亡率增加。所以公鸡阉割时应选择天气晴朗、暖和的日子进行。

（3）做好公鸡阉割前后的准备和护理工作　在阉割的前一天晚上，将要阉割的公鸡选出，关在笼里，防止手术前抓鸡追赶引起应激反应。为了减少公鸡在阉割期间流血，在阉割前后1周内最好在每千克饲料中添加5毫克维生素 K_3。手术后，为了减少伤口感染，可在饲料或饮水中加适量的抗生素。此外，应做好阉割公鸡的护理工作，10天内不准放养，应笼养或在清洁、干爽、安静的地方栏养，喂给易消化的饲料，注意不要喂得过饱；手术后注意观察，如发现阉鸡皮下有胀气，可采用针刺放气处理，并投喂抗生素。

（三）后期育肥

鸡体的脂肪含量与分布是影响鸡肉质风味的重要因素。土鸡富含脂肪，鸡味浓郁，肉质嫩滑。鸡体的脂肪含量可通过测量肌间脂肪、皮下脂肪和腹脂作判断。一般来说，肌间脂肪宽度为0.5~1.0厘米，皮下脂肪的厚度为0.3~0.5厘米，表明鸡的肥度适中；在该范围下限为偏瘦，在该范围上限为过肥。脂肪的沉积与鸡的品种、营养水平、日龄、性成熟期、管理条件、气候等因素有密切关系。土鸡都具有较好的育肥性能，一般在上市前都需要进行适度的育肥，这是土鸡上市的一个重要条件。土鸡的育肥主要采取以下措施。

① 土鸡应在生长高峰期后、上市前15~20天，开始育肥；公鸡在阉割3周后进行育肥。

② 提高日粮的能量浓度和脂肪含量，相对减低蛋白质含量，其营养要求达到代谢能 12.0～12.9 兆焦/千克，粗蛋白质在 15% 左右。如饲养地方品种，可供给富含淀粉的红薯、木薯和大米饭等饲料。

③ 育肥的土鸡应限制其活动，最好采用笼养。

④ 提高饲料的适口性，炎热干燥天气应将饲料改为湿喂或者拌饭粒饲喂，使鸡只采食更多的饲料。

⑤ 育肥的鸡舍环境应阴凉干燥，光照强度低。

（四）减少饲料浪费

饲料是土鸡生产中的最主要成本，通常占总成本的 70%～80%。减少饲料浪费，提高饲料利用率，就能较大地降低生产成本，提高经济效益。减少饲料浪费可从以下环节着手。

① 使用的料槽或料桶结构合理，大小适中，料槽或料桶放置的高度适中，与鸡背部平或稍高于鸡的背部（约 2 厘米以内）。

② 一次给料不能太多，以不超过料槽深度的 1/3 为宜。雏鸡最好采用碎粒，中大鸡用颗粒料，颗粒的直径 0.3～0.5 厘米、长度 0.8 厘米。

③ 最好采用定期给水，减少饲料在饮水中的浪费。

④ 断喙有利于减少饲料浪费。

⑤ 注意饲料的贮藏保管，防止野鸟或老鼠损耗饲料。

（五）适当减少活动

育肥期采用放牧育肥的，一方面可以让鸡采食大自然的昆虫及树叶、杂草等节约饲料；另一方面，提高鸡的肉质风味，使上市鸡的外观和肉质更好。在进入育肥期，应减少鸡的活动范围和运动，以利于育肥。

（六）搞好防疫

严格执行消毒程序，鸡舍周围每 2～3 周消毒 1 次，放鸡的周围及场内污水池、排粪坑、下水道出口，每 1～2 个月消毒 1 次，必要时及时机械性处理垃圾。定期对饮水器、料槽清洗消毒。重视杀虫、灭鼠工作，预防疾病发生。

1. 仔细观察生长状况

在育成鸡的饲养过程中，应当注意育成鸡的生长状况，注意观察。

2. 适时分群

随着鸡群日龄的增大，鸡的密度也就越来越大，要及时进行分群，分群后可以通过调整投料量来调节。在鸡群中总会出现一些瘦弱的个体，育成期间一定要勤观察，勤调整，及时挑出个体弱小的鸡群进行集中饲养，使其尽快达到标准体重。

3. 控制密度

密度对育成鸡的生长发育有着重大影响。密度过大，鸡的活动受到限制，空气污浊，湿度增加，垫料增多，导致鸡只生长缓慢，群体整齐度差，易感染疾病，死亡率升高，且易发生鸡相互残杀，啄肛、啄羽等恶癖。饲养密度应为每平方米 2~4 只。

4. 饲喂

青年鸡营养要求与雏鸡是有较大区别的，必须重视饲料日粮的配合。日粮中各种营养成分的含量都要低些，尤其是粗蛋白和能量的水平要随着鸡体重的增加而减少，否则，鸡会大量积聚脂肪，引起过肥影响后续的产蛋量。粗蛋白可从 16% 逐步减少至 14% 左右，可适当加大麸皮或各类饲料的喂量，特别要注意补充维生素和矿物质，每次更换饲料时不能一次突然改变，应有 1 周左右的过渡期逐步更换。

（七）适时上市

为增加鸡肉的口感和风味，应适当延长饲养周期，控制出栏时间，一般应在 120 天以后。特别需要根据市场行情及售价，适当缩短或者延长上市时间。

对于小型土鸡饲养场而言，其饲养的土鸡销售方法是小商贩每天到场抓鸡贩卖，每一次抓鸡都会造成惊群应激，从而影响育肥后期的生长，并有可能由小商贩及抓鸡用具机械传播疾病。销售抓鸡应在天亮前进行，用红色光照，抓鸡动作要小心，避免折断脚翅；每幢鸡舍另开一小间，每天将次日要出售的鸡关入该间，从而减少对全群鸡的应激反应。

第七章

把握产蛋期的饲养管理

放养土鸡到了育成期就要实行公母分群饲养。如果都作为商品鸡出售，小母鸡可按小公鸡的方法饲养。若养成产蛋鸡，则要按照产蛋鸡的要求进行饲养管理，生产高质量的土鸡蛋，达到高产、优质的目的。

第一节 放养土鸡产蛋前的准备

一、做好开产前的准备工作

（一）鸡舍和设备检修

鸡舍和设备对产蛋鸡的健康和生产有较大影响。开产前要检修鸡舍及设备，认真检查供电照明系统、通风换气系统，如有异常应及时维修；对鸡舍和设备进行全面清洁消毒。另外，要准备好所需的用具、药品、器械、记录表格和饲料，安排好饲喂人员。

（二）调整开产前体重

开产前3周（18~19周龄），务必对鸡群进行体重的抽测，看其是否达到标准体重。此时平均体重应达1 300克以上，最低体重1 250克，群体较整齐，发育一致。如果体重低于1 250克，应采取果断措施，或加大补料数量，或提高饲料的营养含量，或二者兼而有之。

（三）备好产蛋箱

开始产蛋的前1周，将产蛋箱准备好，让其适应环境。在补饲点或鸡舍内搭建长30厘米、宽25厘米、深30厘米的产蛋窝或产蛋箱，也可直接使用竹制或木制的产蛋箱。以每5只鸡搭建1个产蛋窝

（箱）为宜，在产蛋窝（箱）里放置适量干燥无霉变的干草或麦秸，以减少鸡蛋破损。

（四）调整钙水平

产蛋鸡对钙的需要量比生长鸡多 3~4 倍。笼养条件下，产蛋鸡饲料中一般含钙 3%~3.5%，不超过 4%。而放养鸡的产蛋率低于笼养鸡，同时在放养场地鸡可获得较多的矿物质。因此，放养鸡的钙补充量低于笼养鸡。通常 19 周龄以后，钙的水平提高到 1.75%，20~21 周龄提高到 3%。

对产蛋鸡适当补钙应注意的是：如对产蛋鸡喂过多的钙，不但抑制其食欲，也会影响磷、铁、铜、钴、镁、锌等矿物质的吸收。同时，也不能过早补钙，补早了反而不利钙在骨骼中的沉积。这是因为生长后期如果饲料中含钙量少时，小母鸡体内保留钙的能力就升高，所以此时需要的钙量不多。在实践中可以采用的补钙方法是：当鸡群见第一枚蛋时，或开产前 2 周在饲料中加一些贝壳或碳酸钙颗粒，也可放一些矿物质于料槽中，任开产鸡自由采食，直到鸡群产蛋率达5%，再将生长饲料改为产蛋料。

（五）增加光照

21 周龄开始逐渐增加光照。

二、免疫接种

开产前要进行免疫接种，这次免疫接种对防止产蛋期疫病发生至关重要。要做到免疫程序合理，符合本场实际情况；疫苗来源可靠，保存良好，质量保证；接种途径适当，操作正确，剂量准确。接种后要检查接种效果，必要时进行抗体检测，确保免疫接种效果，使鸡群有足够的抗体水平来防御疾病的发生。

三、开产日龄的控制

土鸡开产日龄参差不齐。有的 100 多日龄就见蛋，有的 200 多天还不开产。这除了与该鸡种缺乏系统选育外，与饲养环境恶劣和长期营养不足有很大关系。因此，在搞好选种育种的同时，加强饲养管理和营养供应是提高放养蛋鸡产蛋性能的关键措施。

开产日龄影响蛋重和终生产蛋量。开产过早，使蛋重不能达到土鸡蛋标准，也很难有较高的产蛋率。相反，开产日龄过晚，会影响产蛋量和经济效益，也不会有明显的产蛋高峰和持久、稳定和较高的产蛋率。

因此，对其开产日龄应适当控制。一般是通过补料量、营养水平、光照的管理和异性刺激等手段，控制体重增长和卵巢发育，实现控制开产日龄的目的。大部分北方土鸡品种，母鸡 140 日龄左右、体重达 1.4~1.5 千克时开始产蛋比较合适。

为促使其性腺发育，在母鸡群里投放一定比例［1∶（25~30）］的公鸡较好。这样，母鸡与公鸡在一起生长，可刺激母鸡生殖系统发育成熟的速度，提前开产和增加产蛋量。

定期抽测鸡群的体重，如果体重符合设定标准，按照正常饲养，即白天让鸡在放养区内自由采食，傍晚补饲 1 次，日补饲量以 50~55 克为宜。如果体重不达标应增加补料量，每天补料次数可达到 2 次，早晚各 1 次，或仅延长补料时间，增加补料数量，但一般在开产前日补料量应控制在 70 克以内。

四、产蛋前的调教

鸡喜欢在光线较昏暗、隐蔽性较好、较安静的地方产蛋，这样会有安全感，产蛋也较顺利。母鸡在产第一个蛋之前，往往表现出不安，寻找合适的产蛋地点。当鸡看到别的鸡已造好窝或产蛋箱内有蛋（引蛋）时，会产生认同感，认为此窝适宜产蛋，也容易把它当做自己的窝而在其中产蛋。鸡的产蛋具有定巢性，一般鸡的第一个蛋产在什么地方，以后仍到这个地方产蛋，如果这个地方被别的鸡占用，宁可在巢门口等候而不愿进入旁边的空巢，在等不及时往往几只鸡同时挤在一个巢箱中产蛋，尽管受到正在产蛋母鸡的竭力排斥与驱逐也毫不在乎。因此，开产前的调教极为重要。

开产前 1 周左右，应准备并放置好产蛋箱，让鸡熟悉产蛋箱内的环境。产蛋箱应背光放置或遮暗，保持产蛋箱处安静无干扰，产蛋箱要足够，一般是 5 只母鸡 1 个产蛋窝。产蛋箱内应铺清洁干燥的垫料。当有的母鸡找不到产蛋箱或不愿意进产蛋箱产蛋时，可先在产蛋箱里放上一个引蛋，让产蛋母鸡认同这个产蛋箱，从而顺利在此产蛋。

第二节 放养土鸡产蛋期的饲养管理

一、土鸡产蛋期日粮的营养浓度

饲料应以精料为主，适当补饲青绿多汁饲料。精料粗蛋白含量为15%~16%、钙为3.5%、磷为0.33%、食盐0.37%。要加强鸡过渡期的管理，由育成期转为产蛋期喂料要有一个过渡期。当产蛋率为5%时，开始喂蛋鸡料，一般过渡期为6天，在精料中每2天换1/3，最后完全变为蛋鸡料。参考配方为：玉米60%、豆粕18%、花生仁饼6%、鱼粉3%、贝壳粉8%、骨粉1.8%、植物油1.9%、油脂1%、食盐0.3%。

二、增加光照时间

由于土鸡在自然环境中生长，其光照为自然光照，天亮放鸡，天黑关鸡，产蛋季节性很强，一般为春夏产蛋，秋冬季逐渐停产。在人工辅助饲养的条件下，应尽量使光照基本稳定，促使产蛋性能也可相应提高。一般实行早晚两次补光，早晨固定在6时开始补到天亮，傍晚6点半开始补到10时。全天光照为16小时以上，产蛋2~3个月后，将每日光照时间调整为17小时，早晨补光从5时开始，傍晚不变。补光的同时补料，补光一经固定下来，就不要轻易改变。

三、产蛋初期饲养

（一）看蛋重增加趋势

初产蛋很小，一般只有35克左右，2个月后增重达42克，基本达到标准蛋。产蛋初期、前期蛋重在不断增加，即越产越大，蛋形圆满而个大，平均24个1千克，说明鸡营养充分；如果营养不充足时则为28~29个1千克，这样的蛋说明鸡养得不好，管理不当，营养不平衡。

（二）看蛋形

土鸡蛋蛋形圆满。若蛋大端偏小，是欠早食，应补充足够的精料。

（三）看产蛋率上升趋势

初产蛋上升快，最迟 3 个月后产蛋率达到 60% 左右；如果产蛋率波动较大，甚至出现下降，要从饲养管理上找原因。

（四）看鸡体重

产蛋一段时间后，如鸡体重不变，说明管理恰当；鸡过肥，是能量饲料过多，说明能量、蛋白质的比例不当，应当减少精料，增加青绿饲料；如鸡体重下降，说明营养不足，应提高精料质量，使蛋鸡不肥不瘦。

（五）看食欲

喂鸡时，鸡很快围聚争食，说明食欲旺盛，可以适当多喂些；若来得慢，不聚拢争食，说明食欲差或已觅食吃饱，应少喂些；健康食欲旺盛的土鸡，羽毛光滑、紧密、贴身。另外，对啄羽、啄肛等异常情况，都应仔细观察，及时治疗。

四、产蛋高峰期的饲养管理

放养条件下的鸡获得的营养较笼养鸡少，而消耗的营养较笼养鸡多，加之管理不如笼养鸡那样精细，因此，其产蛋率较笼养低（一般低 15% 或以上）。在饲养管理不当的情况下，很可能没有明显的产蛋高峰（放养自生源土鸡产蛋高峰应达到 60% 以上）。为了达到较高而稳定的产蛋率，出现长而明显的产蛋高峰，认真做好饲养管理工作极为重要。

（一）保证营养水平

对于放养鸡而言，其活动量很大，消耗的热能多，因此，饲料的补充能量占据非常重要的位置，应该是首位的。此外，还应满足蛋白质特别是必需氨基酸、钙、磷、维生素 A、维生素 D、维生素 E 的需要。

(二) 增加补料量

试验表明，不同的饲料补充量，鸡的产蛋率不同。随着补料量的增加，产蛋性能逐渐提高。根据研究，在一般草场放养，产蛋高峰期的日精料补充量每只鸡以 70~90 克为宜。

(三) 保持环境稳定、安静

产蛋高峰期最忌讳应激，特别是惊吓，如陌生人的进入、野生动物的侵入、剧烈的爆炸声和其他噪声等造成的惊群。

(四) 保持清洁卫生

产蛋高峰期也是蛋鸡最脆弱的时期，容易感染疾病或受到其他应激因素的影响而发病，或处于亚临床状态，影响生产潜力的挖掘。因此，应搞好鸡舍卫生、饮水卫生、饲料卫生和场地卫生，消除疾病的隐患。

(五) 严防啄癖

产蛋高峰期，由于光照、环境或营养不足，可能出现个别鸡互啄（啄肛、啄羽等）现象。如果发现不及时，被啄的鸡很快就会被啄死。因此，应认真观察，及时隔离被啄鸡，并予以治疗。如果发生啄癖的鸡比例较高，应查明原因，尽快纠正。

(六) 羽毛脱落及其控制

放养鸡羽毛脱落的原因有以下几点。

1. 自然脱毛

脱毛是一个生理现象，包括现有羽毛的脱落、被新羽毛生长的替代，通常伴随着蛋产量的减少甚至完全停产。自然脱毛先于成年羽毛之前，鸡生命过程要经历新旧羽毛交替的几次脱毛阶段。第一次换毛，绒毛被第一新羽替代，发生在 6~8 日龄至 4 周龄结束；第二次换毛，第一新羽被第二新羽替代，发生在 7~12 周龄间；第三次换毛，发生在 16~18 周龄间，这次换毛对生产是很重要的。在产蛋母鸡，自然换毛发生在每年白昼变短的时期，如我国阳历冬至前后（约 12 月 20 日前后），此时甲状腺的激素分泌决定了换毛过程。人工光照的应用维持了恒定的光照。在这种条件下，鸡的自然换羽主要是通过调节家禽体内的"激素钟"来实现的。换毛特征：雄禽比雌禽换毛早。首先观察到家禽头颈部，然后波及胸部，最后是尾、翅部脱毛，换毛可能是局部的或全面的。脱毛的程度取决于家禽品种和家禽个体。脱毛持续的时间长短是可变的，较差的蛋鸡在6~8周龄间重新长出羽毛，而优良的蛋鸡则短暂停顿后（2~4周）较快地完成换毛过程。从生理上讲，产蛋停止使更多的日粮用于羽毛生长（自身合成的主要蛋白质）。雌激素是产蛋过程中释放的一种激素，起阻碍羽毛形成的作用，产蛋的停止减少了雌激素水平。因此，羽毛形成加快。

2. 啄羽

鸡群群序间的啄羽主要发生在头部，但不很严重。严重的啄羽往往是由于过度拥挤、光照问题和营养不平衡的日粮所致，且会伤及鸡只。啄羽导致的受伤伴随着出血，会吸引更进一步的同类相残的啄食。为了防止同类相残，最好的办法是隔离病弱的或受害的鸡只。受伤的鸡只应在伤口上撒消炎杀菌粉处理，伤口用深暗色的食品颜料或焦油涂抹，以减少进一步被其他鸡只的啄食攻击，也可以撒些难闻的粉末于受伤的鸡身上。修喙或者已断喙的鸡群将会减少啄羽或自相残杀的可能性，特别是与光线、饲养密度和营养有关的问题得到改进后。另外，也发现某些品种的鸡群更易发生啄羽现象（遗传特异性）。啄羽的恶习一旦形成很难控制。因此，最好的治疗措施就是预防。

3. 摩擦

脱羽也可能由于其他鸡只或环境摩擦所致，特别是鸡只在密闭的环境中。为了减少脱羽，鸡群密度应该降低，消除所有的鸡舍内尖锐、粗糙的表面。

4. 交配

如果是放养的种鸡，或将部分公鸡放入母鸡群，交配时，公鸡踩踏母鸡，母鸡的背部羽毛被公鸡的爪子撕扯掉。为了降低由此引起的羽毛脱落，需用指甲剪等工具修整公鸡的爪子，公鸡腿上的距趾可以修剪到1.5厘米左右的长度。

从经济上讲，羽毛消耗导致饲料消耗增加，蛋生产效率下降，因此，改善羽毛状态将为养鸡生产者提高经济效益。对于自然脱毛，用适当强度人工光照来保持不变的光照时间。对于由于过度拥挤、强烈光照或不平衡的日粮造成严重的啄羽，要提供合适的光照、平衡日粮、减少拥挤现象、改变现在使用的鸡品种、隔离受伤鸡只、伤口用杀菌消毒药处理、伤口涂以颜料（勿用红色）、幼龄时修剪喙部、购买已修剪过喙部的鸡只。对于摩擦造成的羽毛脱落，可降低鸡群密度，消除舍内所有粗糙和尖锐的表面。对于由于交配造成的羽毛脱落，需要修剪公鸡爪子。

此外，生产中造成产蛋停止和脱毛的因素很多。一般而言，缺水断料是导致脱毛最常见的应激因素，不平衡的日粮或霉变的饲料也能引起脱毛。清洁的饮水即使是短时间缺乏也可能导致家禽脱毛。骤冷、过热和通风不良都可能造成鸡群的掉毛。受伤、疾病和寄生虫感染等不良的健康状况或以强凌弱现象可加剧脱毛的发生。

（七）沙浴

人们会经常看到鸡在吃饱以后，在阳光的沐浴下，在沙土里翻滚。也许有人认为它是在嬉戏，其实它是在用沙洗澡。

鸡的身体上会附着一些鸡虱，翅膀羽毛上会附着些羽虱、羽虫。这些鸡虱会吸食鸡身上的血。羽虱、羽虫会吃鸡翅膀上的毛。鸡所以用沙来洗澡，是为了要驱除这些虫类。

鸡在泥沙中乱滚，摩擦自己的皮肤，并且把翅膀的羽毛竖起来，让沙土进入羽毛间有空隙的地方，这时附着在身上、翅膀上的鸡虱、羽虫、羽虱都会随着沙子一起被抖动下来。

和土鸡同类的雉鸡、锦鸡、珍珠鸡和银鸡等，也都会用沙土来洗澡，洗澡的方式和土鸡一样。因此，在鸡场要为鸡准备一些沙土，既可以为它洗澡驱除害虫，也可以为它采食沙粒帮助消化食物所用。

五、母鸡抱窝性与醒抱

春末夏秋还要注意母鸡抱窝性的出现。应增加拣蛋的次数，拣净新产的鸡蛋，做到当日蛋不留在产蛋窝内过夜。实践中也有狗领捡蛋法，狗从小用鸡蛋喂养，长大后对鸡蛋有特殊的嗅觉，据此，饲养员可牵着狗捡鸡蛋。此法仅可作为生态散养蛋鸡捡蛋的一种补充。

因为幽暗环境和产蛋窝内积蛋不取，可诱发母鸡抱窝性。一旦发现就巢鸡应及时采取措施，促使母鸡快速醒抱。

（一）改变环境醒抱法

当发现母鸡抱窝，可在傍晚鸡群入舍前，及时将其放在光线明亮有公鸡但无产蛋箱（产蛋箱遮盖上）的鸡舍中，不让母鸡在产蛋箱内过夜。抱窝鸡在改变环境的刺激下，又不得安宁，会很快醒抱。将抱窝母鸡用水浸湿羽毛，经过几天后母鸡也会停止抱窝。吊在光亮的地方，使其不能长期伏卧，这样也会很快醒抱。同时供给充足的饲料与饮水，让其自由采食。最好在饲料中添加适量的维生素。

1. 光亮通风

将抱窝的鸡抓出隔离，白天把抱窝母鸡放在光亮的地方，使其抱不成窝；晚上也一直开着灯；把鸡笼挂在通风的地方，使鸡体温降低，可以抑制催乳激素的产生和就巢行为的出现。

2. 换位

把抱窝鸡换入新鸡群内，由于生活环境改变，鸡群改变，对其也是一种刺激，可促使其醒抱。

（二）笼子关养

将抱窝鸡关入装有食槽、水槽、底网倾斜度较大的鸡笼内，放在光线充足、通风良好的地方，保证鸡能正常饮水和吃料，使其在里面不能蹲伏，5 天后即可醒抱。

（三）灌服食醋

给抱窝鸡于早晨空腹时灌服食醋 5~10 毫升，隔 1 小时灌 1 次，连灌 3 次，2~3 天即可醒抱。

（四）化学药物法

1. 喂去痛片

在鸡开始抱窝的第 1 天晚上，喂 1 片去痛片，第 2 天再喂 1 片，到第 3 天时如只是"咕咕"叫而不抱窝，即可停止服用药，如第 3 天仍在抱窝，可再加服 1 片，一般连喂 2~3 天即可醒抱。

2. 口服阿司匹林

让母鸡在抱窝初期口服阿司匹林 1 片，每天 2 次，连服 3 天，即可醒抱。

3. 注射硫酸铜溶液

每只抱窝鸡肌内注射 20%硫酸铜溶液 1 毫升，每日 1 次，连注 4~5 天，促使其脑垂体前叶分泌激素，增强卵巢活动而不再抱窝。

（五）激素注射法

1. 丙酸睾丸素注射液（每毫升含 10、25、50 毫克）

是一种很好的醒抱药。鸡体重在 12 千克用 12.5 毫克，2~3 千克用 25 毫克，肌内注射后 1~2 天，抱窝鸡就能很快离巢，并能很快恢复产蛋。对于已抱窝数日的母鸡，应用其他方法往往收效较差，但若用丙酸睾丸素注射 1~2 次后，亦常有效。若用量不足，则效果差，甚至 1~2 天后重新就巢。这时可补加剂量，进行第 2 次注射，若用量过大，除醒抱外，母鸡会出现雄性反应，出现鸣叫和类似公鸡的行为表现，不过 2~4 天后即自行消失。

2. 注射三合激素

即丙酸睾丸素、黄体酮、苯甲酸雌二醇配合而成的油溶性针剂。每只抱窝鸡胸部肌内注射 0.5~1 毫升。若效果不明显，隔 3 天第 2 次注射，一般醒抱后 2~3 周，可恢复产蛋。应当注意如果应用此法不当，会影响受精率和产蛋率。

六、严格防疫消毒

在放养环境中生长的土鸡，其本身就容易受外界疾病的影响，如果防疫、消毒不到位，就很难保证鸡的成活率，效益也就无从谈起。因此，一要按照鸡疫病防疫程序进行防制。防制重点应放在鸡新城疫、禽流感、传染性法氏囊、传染性喉气管炎、禽出血性败血症和球虫病上，搞好疫苗接种和预防监测；同时还要定期在兽医人员指导下用一些无残留的药物预防疾病。二要搞好卫生消毒。鸡栖息的棚内及附近场地坚持每天打扫、消毒，水槽、料槽每天刷洗，清除槽内的鸡粪和其他杂物，让水槽、料槽保持清洁卫生，放养场进出口设消毒带或消毒池，并谢绝参观。三要做到"全进全出"。每批鸡放养完后，应对鸡棚彻底清扫、消毒，对所用器具、盆槽等熏蒸 1 次再进下一批鸡。

七、注意收看收听天气预报

恶劣天气或天气不好时不要上山放养，应采取舍饲；下暴雨、冰雹，刮大风、沙尘暴时应及时将鸡群赶回棚内，避免死伤造成损失。

八、鸡群健康状况观察

（一）放鸡时观察

每天早晨放鸡外出时，健康鸡总是争先恐后向外飞跑，弱者常常落在后边，病者不愿离舍或留在栖架上，这样可及早发现，及时隔离和治疗，以防疫病传播。

（二）清扫时观察

清扫鸡舍或清粪时，观察粪便是否正常。正常粪便应是软硬适中的堆状或条状物，上面覆有少量的白色尿酸盐沉积物；若粪便过稀，则为摄入水分过多或消化不良；浅黄色泡沫粪便，大部分是由肠炎引起；白色稀便则多为白痢病的象征；球虫病的特征是深红色血便。

（三）喂料时观察

喂料是观察鸡的精神状态，喂料对健康鸡特别敏感，往往显示迫不及待感；病弱者来吃食或被挤在一边；或吃食而动作迟缓，反应迟钝或无反应；病重者表现出精神沉郁，两眼闭合低头缩颈，翅膀下垂，足立不动等。

（四）呼吸时观察

晚上可倾听鸡的呼吸是否正常。若带有"咯咯"声，说明患呼吸道疾病。

（五）采食时观察

若鸡的采食量逐渐增加则为正常；若表现拒食、拒饮，采食量减少，则为病鸡。

（六）产蛋时观察

对产蛋鸡要特别注意与产蛋有关的情况，如当天产蛋的多少、蛋的大小、蛋形、蛋壳光滑度、破损率、蛋壳颜色等等。另外羽毛整齐度、冠髯色泽以及有无啄羽、啄肛等异常情况，都应仔细观察，一旦发现问题，要及时治疗和处理。

第八章
提高土鸡产品质量

第一节　提高土鸡产品质量的措施

一、土鸡产品

目前，我国消费的土鸡产品主要以鲜蛋类和鲜肉类产品为主，部分产品深加工后采取真空包装等方法进行保鲜处理，便于携带与长途运输，可作为礼品馈赠亲友；有些羽毛色泽光鲜亮丽的品种还可以加工成标本作为工艺品销售；还有一些具有较高的药用价值，可以作为保健品直接食用或制成药物用于治疗（如乌鸡白凤丸等）。

（一）土鸡肉

散养的土鸡饲养空间大，养殖环境好，空气清新，光照充足，养殖时间长，饮用水是附近山泉的水，吃的食物是周围的各种植物和小虫子，或专门配制的不添加任何化学药物、抗生素和激素的全价日粮，所以土鸡的风味好、安全、营养价值比较高。主要表现在：相比现代饲养的快大型肉鸡，土鸡的肉更加结实，肉质结构和营养比例更加合理。土鸡肉中含有丰富的蛋白质、微量元素和各种营养素，脂肪的含量比较低，对人体的保健具有重要的价值，是我们中国人比较喜欢的肉类制品，属于高蛋白的肉类。鸡肉皮中含有丰富的胶质蛋白，能够被人体迅速吸收和利用，是一种非常好的胶质，可以作为滋补食品。以前孕妇生产以后，用土鸡来炖汤可以促进身体的恢复，现在的人在患病以后的康复饮食中炖土鸡汤也是很好的选择，经常吃土鸡能够增强人体的体质，提高人体的免疫能力。

（二）土鸡蛋

人们通常认为，土鸡散养在自然环境中，吃的都是用天然饲料原料配制的全价日粮，不添加任何化学物质、药物，产出的鸡蛋品质自然会好一些。而一般养鸡场生产的鸡蛋，也就是人们常说的"洋鸡蛋"，因采用了专门的产蛋鸡种和全价配合饲料，其品质可能不如土鸡蛋。特别是因为有些配合饲料可能会违规加入了化学药物、抗生素，以促进鸡快速生长、多产蛋以及避免在淘汰之前病死，因而"洋鸡蛋"可能会含有对人体健康有危害的物质。因此，即使价钱贵出许多，很多人还是愿意购买土鸡蛋，尤其是给老人、孕妇和孩子吃。

从鸡蛋的外观上看，土鸡蛋个稍小、色浅，较新鲜的有一层薄薄的白色的膜，蛋壳坚韧厚实；蛋黄呈金黄色，蛋清清澈黏稠，略带青黄；将熟鸡蛋剥壳放在手中揉捏，即使被捏的扁扁的，蛋白也不会开裂，还是一只完整的鸡蛋。土鸡蛋一般人均可食用，特别适宜体质虚弱、营养不良、贫血及妇女产后、病后调养，适宜婴幼儿发育期补养。

二、提高土鸡蛋的常规品质

土鸡蛋的常规品质主要指蛋壳厚度、蛋壳硬度、蛋清稠度、蛋清颜色、蛋中血斑肉斑等异物。

（一）蛋壳厚度

当饲料中缺乏钙、磷等矿物质元素和维生素，或钙、磷比例不当时，产软蛋、薄壳蛋较多。蛋鸡饲料中通常含钙 $3.2\% \sim 3.5\%$，磷 0.6%，钙与磷的比例为（$5.5 \sim 6$）：1。出现产软蛋、薄壳蛋时，应及时按要求补充贝粉、石灰石粉、骨粉或磷酸氢钙等，同时补充维生素 D 制剂，如鱼肝油、维生素 A 和维生素 D 粉等，以促进钙、磷的吸收和利用。

（二）蛋壳硬度

饲料中缺锰、锌，则使蛋壳不坚固、不耐压，极易破碎，蛋壳上常伴有大理石样的斑点，并伴有母鸡屈腱病。一般认为，饲料中添加 $55 \sim 75$ 毫克/千克的锰，可显著提高蛋壳质量。研究表明，当饮水中加入 2 克/升氯化钠的同时，在饲料日粮中加入 500 毫克/千克的蛋氨酸锌或硫酸锌可显著降低蛋壳缺陷，提高蛋壳强度。应注意，锰添加量不宜过多，饲料必须混匀，以免导致维生素 D 遭到破坏，影响钙、磷吸收。

（三）蛋清稠度

蛋清稀薄，且有鱼腥气味，多为饲料中菜籽饼或鱼粉配合比例过大所致。菜籽饼含有毒物质硫葡萄糖苷，在饲料中如超过 8%～10%，就有可能使褐壳鸡蛋产生鱼腥气味（白壳鸡蛋例外）。饲料中的鱼粉特别是劣质鱼粉超过 10% 时，褐、白壳蛋都有可能产生鱼腥味，故在蛋鸡饲料中应当限制菜籽饼和鱼粉的使用量，前者应在 6% 以内，后者在 10% 以下；去毒处理后的菜籽饼则可加大配合比例。若蛋清稀薄且浓蛋白层与稀蛋白层界限不清，则为饲料中的蛋白质或 B 族维生素、维生素 D 等不足，应按实际缺少的营养物质加以补充。

（四）蛋清颜色

鸡蛋冷藏后蛋清呈现粉红色，卵黄体积膨大，质地变硬而有弹性，俗称"橡皮蛋"；有的呈现淡绿色、黑褐色，有的出现红色斑点。这些与棉籽饼的质量和配合比例有关。棉籽饼中的环丙烯脂肪酸可使蛋清变成粉红色，游离态棉酚可与卵黄中的铁质生成较深色的复合体物质，促使卵黄发生色变。配合土蛋鸡饲料应选用脱毒后的棉籽饼，配合比例应在 7% 以内。

（五）蛋中异样血斑

若土鸡蛋中有芝麻或黄豆大小的血斑、血块，或蛋清中有淡红色的鲜血，除因卵巢或输卵管微细血管破裂外，多为饲料中缺乏维生素 K。在饲料中适量添加维生素 K，则可消除这种现象。

三、降低土鸡蛋中的胆固醇

由于人类摄入胆固醇含量过高会诱发一系列的心血管疾病，因此，降低土鸡蛋中的胆固醇含量成为提高土鸡蛋品质的重要标准之一。

铬是葡萄糖耐受因子的组成成分，参与胰岛素的生理功能，在机体内糖脂代谢中发挥重要作用。研究表明，铬能显著提高蛋鸡产蛋率，并使卵黄胆固醇水平显著下降。铬的作用机理是通过增加胰岛素活性，促进体内脂类物质沉积，减少循环中的脂类，从而降低血浆和蛋黄中的胆固醇含量。饲料中添加铬的量以 0.8 毫克/千克为最佳水平。

研究发现，采食的青草越多，鸡蛋中的胆固醇含量越低。这是由于青饲料中含有大量的粗纤维，可在肠道内与胆固醇结合而影响其吸收，使之通过粪便排出。

饲料或饮水中添加微生态制剂，可有效地降低鸡蛋中胆固醇的含量。

据资料介绍，复方中草药可以有效降低鸡蛋中的胆固醇含量。例如，用党参、黄芪各 80 克，甘草、白术各 40 克，何首乌、山楂各100 克，桑叶 60 克，罗布麻 80 克，杜仲、当归、桔梗、菟丝子、女贞子、麦芽、橘皮、柴胡各 50 克，淫羊藿 70 克，共为细末，拌入500 千克饲料中，连续饲喂。其中，党参、黄芪、甘草、白术为补气药，党参能延缓衰老，抗缺氧作用；黄芪也能抗衰老，并对血糖有双向调节的作用，能降低血脂；甘草能加速胆固醇的代谢；白术有抗衰老作用。何首乌、当归为补血药，何首乌能降低血清的胆固醇，当归有降低血脂作用。杜仲、菟丝子、淫羊藿为补肾壮阳药，杜仲能降低血清中的胆固醇，减少其吸收；菟丝子、淫羊藿均能降低血脂抗衰老。桑叶、桔梗、橘皮为止咳化痰药，桑叶能排除体内胆固醇，降血脂；桔梗、橘皮均有降血脂抗衰老的作用。山楂、麦芽能健胃消食，山楂具有明显降低血脂和减轻动脉粥样硬化作用。罗布麻能显著降低高脂血症的发生，并可降低血清中的胆固醇。

此外，寡聚糖、类黄酮物质、植物固醇以及微量元素铜、铬和钒等，也有一定效果。

四、提高土鸡蛋中微量元素含量

土鸡蛋中微量元素种类很多，意义比较大的有硒含量和碘含量，也就是高硒蛋和高碘蛋的生产。

硒是保护体细胞膜的酶不可缺少的组成成分，也是日粮蛋白质、碳水化合物和脂肪有效利用的必需物。硒可使家禽体内的蛋氨酸转化为胱氨酸。一般土蛋鸡日粮硒的含量为 0.10~0.15 毫克/千克。添加高剂量的有机硒，可有效提高鸡蛋中硒的含量。

研究表明，补充日粮中添加有机碘和无机碘制剂，均可提高土鸡蛋中碘的含量。碘制剂在补充全价日粮中的浓度为 72.5~145 毫克/千克时，既可以提高产蛋性能和饲料转化率，又可提高土鸡蛋中的碘含量，对鸡的体重没有影响。如果碘浓度增加到 290 毫克/千克时，生产性能呈下降趋势。

五、改善土鸡蛋风味

风味是指食品特有的味道和风格。绿色的食品具有良好的风味，不仅有助于人体健康，而且可提高食欲，使消费者感觉是一种美的享受。

土鸡蛋有其固有的风味。若在补充饲料或饮水中添加一定的物质（对鸡体和人类健康无害），可以增加其风味，或改变其风味，使之成为特色鲜明、风味独特的食品。国内一些学者进行了大量的试验。

有试验表明，利用沙棘果渣等组成的复方添加剂饲喂土蛋鸡，能明显增加蛋黄颜色，也可以改善土鸡蛋风味。在饲料中添加 1% 中草药添加剂（芝麻、蜂蜜、植物油、益母草、淫羊藿、熟地、神曲、板蓝根、紫苏）饲喂 42 天，可降低破蛋率，使蛋味变得更香，蛋黄色泽加深，并可延长产蛋期。

六、提高土鸡肉风味

鸡肉的风味同样影响人们的食欲和消费欲望。在提高鸡肉风味方面通常是以中草药添加剂来实现的。

有试验证明，用秋冬茶下脚料粉末按 3% 添加到鸡饲料中，35 天后，添加茶叶的试验组鸡肉较对照组的肉质嫩，味道鲜美。在日粮中添加与风味有关的天然中草药、香料（党参、丁香、川芎、沙姜、辣椒、八角）以及合成调味剂、鲜味剂（主要含谷氨酸钠、肌苷酸、核苷酸、鸟苷酸等）等饲喂后期肉鸡，结果发现其肌肉中氨基酸及肌苷酸含量明显提高，从而增进其肌肉风味。用生姜、大蒜、辣椒叶、艾叶、陈皮、茴香、花椒、桑叶、车前草、黄芪、甘草、神曲和荸草等 13 味中草药制成中草药饲料添加剂，并与益生菌添加剂结合配制成益生中草药合剂饲喂鸡，鸡肉风味具有天然调味料的浓郁香味，口感良好，味道纯正，综合效益良好。用大蒜、辣椒、肉豆蔻、丁香和生姜等饲喂肉鸡，可以改善鸡肉品质，使鸡肉香味变浓。将沙棘嫩枝叶添加到鸡日粮中，结果发现，沙棘嫩枝叶可提高鸡肉中氨基酸和蛋白质的含量，改善鸡肉品质，并能增强动物机体免疫能力。在鸡的饲料中加入大蒜（大蒜粉、大蒜素），可使鸡肉的香味变得更浓，且对鸡的生长不会产生任何不良影响。研究结果表明，芦荟和蜂胶作为饲料添加剂，具有提高蛋白质的代谢率、胸肌率、腿肌率和降低腹脂率的作用，也可改善鸡肉品质。

七、提高蛋黄颜色

（一）影响蛋黄颜色的因素

蛋黄颜色的深浅取决于家禽从饲粮中摄取的类胡萝卜素和其他色素的数量和种类，用于形成和改善蛋黄颜色的类胡萝卜素物质家禽自身不能合成，需从外界输入。而家禽自身所处的年龄、饲养方式也影响蛋黄颜色的沉积量。

1. 年龄和生理状况

蛋黄颜色与产蛋鸡日龄呈较强相关性，母鸡在产蛋初期蛋黄颜色较深，随着产蛋期的延长蛋黄颜色逐渐变浅，即随着母鸡日龄的增长，蛋黄沉积能力下降。有报道指出，鸡群的年龄及健康状况影响肠道对类胡萝卜素的吸收利用，因此鸡群的年龄和健康状况被认为是致使蛋黄色泽变浅的一个原因。我国学者张剑对北京油鸡研究表明，蛋黄色泽由产蛋前期的 6.37 增加到 8.0，并随着产蛋日龄的增加而逐渐变浅，并达到显著水平。另外若蛋鸡处于疾病状态下时，对叶黄素的沉积能力下降。当蛋鸡感染球虫时，叶黄素的利用率仅为正常情况下的 70%。

2. 品种

不同品种的蛋鸡对蛋黄颜色的沉积能力也不同，有试验对 2 个国外鸡种和 5 个地方鸡种的蛋品质研究发现，海兰褐蛋鸡的蛋黄颜色相比地方鸡种如皋黄鸡、文昌鸡、白耳鸡、仙居鸡等要浅，而仙居鸡的蛋黄颜色较深。

3. 饲养方式

一般土鸡蛋蛋黄颜色较笼养鸡的蛋黄颜色深。土鸡主要是采用放养方式，能够采食到富含类胡萝卜素的青绿饲料等，因而蛋黄颜色较深。然而放养鸡由于饲养环境中粪便难以清理，易使蛋外部沾染粪便等易感染细菌等。商业化饲养的蛋鸡进行散养后蛋黄颜色较笼养相比显著得到提高。

有学者研究，在饮水中添加类胡萝卜素，于每日上午 8 点和下午 4 点分别两次投于饮水器中，发现在麦类日粮饮水中补充类胡萝卜素预混剂 2.5 毫克/（日·只），可显著提高蛋黄颜色指数 2~3，添加量在 2.5~4.0 毫克/（日·只）范围内，蛋黄颜色指数随剂量呈上升趋势。同时以饮水方式补充，不受饲料均匀度影响，摄入量均匀、稳定，有保障，操作简便，并且不受饲料加工过程中的损失影响。

4. 环境因素

光照作为影响禽类繁殖活动的重要因素，适宜的光照制度可提高产蛋量。研究发现不同波长光对蛋黄颜色具有显著影响，有研究发现，在白光条件下蛋黄颜色极显著高于其他单色光处理组（蓝光、红光、绿光）。对蛋鸡处理绿光时发现蛋黄颜色与周龄间呈极显著相关，说明在单色光中绿光对蛋黄颜色影响较大。研究表明，光照制度为 15 小时光照 9 小时黑暗时蛋黄颜色较好。

5. 日粮组成

饲料是影响蛋黄颜色沉积的主要因素之一，饲料的组成以及各成分之间的比例对色素的沉积具有重要影响。由于在家禽日粮中常用玉米作为能量饲料，因此玉米中叶黄素对蛋黄颜色的沉积起到重要作用，而玉米的质量优劣对蛋黄色泽起到了决定作用。一般蛋鸡饲喂玉米-豆粕型日粮可使蛋黄颜色维持在罗氏比色扇的色度为 6 级。小麦中几乎不含有叶黄素，以小麦作为基础日粮时，蛋黄颜色只有 3 级，颜色发白，与以玉米为基础日粮相比，差异极显著。日粮中脂类和维生素对蛋黄着色效果的影响较为重要。然而日粮中脂肪含量过高也会使色素结构破坏而失去着色功能，一般认为添加 3%~5% 的动物脂肪可提高着色效果。在饲粮中添加微量元素锌、硒、碘高于正常量 1 倍时，可使蛋黄颜色提高 1~2 个罗氏单位。

6. 其他因素

饲料中的重金属离子及不饱和脂肪酸容易氧化叶黄素而使其失去着色能力，从而使蛋黄颜色变浅。

（二）改善蛋黄颜色沉积的饲料添加剂

1. 天然添加剂

蛋黄中叶黄素的含量随着日粮中叶黄素添加水平的增加而提高，且日粮中的叶黄素能显著提高蛋黄的罗氏等级，最大沉积量为 1.09 毫克/60 克，当日粮中叶黄素水平进一步提高时蛋黄中叶黄素的沉积表现下降趋势。有研究也表明，蛋黄中叶素的含量可通过日粮调控，调控的量受日粮中叶黄素添加水平的影响，在一定范围内，添加水平越高，蛋黄中叶黄素含量越高。

饲料中叶黄素多用市售万寿菊提取，其他也包括金盏菊、红辣椒粉、苜蓿粉、野菊花粉等，不同的饲料添加剂中含有的叶黄素、黄体素、玉米黄素、类胡萝卜素均不相同。

有试验在文昌鸡中添加黄秋葵饲喂 1~2 周后使蛋黄颜色明显加深，罗氏比色值达到 10 级以上，个别蛋黄的着色达到 13~14 级，蛋黄的着色分布比较均匀，且对试验鸡的产蛋率和料蛋比无显著影响。在土鸡中加入辣椒粉发现在添加量为 1% 时自第 3 天开始蛋黄颜色开始变深，在第 15 天趋于稳定，蛋黄颜色等级达到 11，与此同时产蛋率显著提高，产蛋总重增加，料蛋比有所下降。干辣椒中含有丰富的蛋白质、脂肪、糖类、维生素等营养素，且其中含有柠檬酸、苹果酸、辣椒碱类物质，对多种细菌、真菌、霉菌有杀死或抑制作用。辣椒粉中含有丰富的辣椒红素，辣椒红素属叶黄素的一种，饲料中添加辣椒粉可以明显提高蛋黄的颜色，添加 15 天后达到稳定。添加 2% 的辣椒粉可以达到更高的蛋黄颜色等级，但饲料成本较高。辣椒粉能够刺激土鸡的食欲，日均采食量明显。在蛋鸡饲料中添加苜蓿粉后蛋黄颜色极显著高于不添加组，且随着添加量的增加，蛋黄颜色呈上升趋势，在 30 天的蛋黄颜色趋于稳定。以添加 5% 的苜蓿草粉较佳。

2. 天然添加剂应用效果

天然添加剂成本低，在使用过程中易于混匀，然而由于各天然添加剂来源差异较大，蛋黄颜色沉积效果难于控制，使最终蛋黄颜色具有一定的差异，影响蛋黄颜色的均匀度。不同天然添加剂的着色灵敏度不同，一般不同来源的类胡萝卜素对着色效果影响不同，不同动物种类及个体对着色影响均不同。因此，在实践中应对不同的天然添加剂进行试验后确定最佳添加效果后应用，从而达到生产效益最大化。

3. 合成添加剂及其应用效果

据报道，橘黄素、加丽素等人工合成添加剂不仅成本高而且残留多，可能危害人体健康导致视力下降等，一般建议在蛋鸡饲料中的添加量以不超过 8 毫克/千克为宜。因此，选用无毒、无残留、高效的着色剂成为当前研究热点，天然着色剂具有来源广泛，着色自然、食用安全等特点。但放养鸡不提倡添加任何合成添加剂。

第二节　土鸡产品的包装与运输

一、鸡蛋的质量要求

蛋的质量可从蛋的外形和蛋的内部两方面综合判断，以刚产的新鲜蛋质量最好。随着贮存、运输，其新鲜度会逐渐下降。根据国家鲜蛋卫生标准（GB 2748—81），鲜蛋应符合以下要求。

1. 蛋壳

蛋壳应表面清洁，完好无损，坚固，无裂纹，无畸形。蛋壳色泽和大小一致。

2. 密度

要求为 1.06~1.08，在 10%食盐水溶液中能下沉。

3. 气室

要求低于 7 毫米，其中特级蛋低于 4 毫米，冷藏蛋气室低于 9 毫米。

4. 透视

蛋内容物浓厚，蛋黄居中或略偏，呈黄红色或淡黄色，略显模糊阴影，系带固定紧密，看不到胚胎发育迹象。

5. 开蛋

将鸡蛋打开，倒在水平玻璃板上，要求蛋内容物的扩散面积较小，蛋黄圆而隆起，浓蛋白占大部分，并隆起包住蛋黄，稀蛋白量少。蛋黄色泽鲜艳，有清新的鸡蛋气味。

二、放养鸡鸡蛋的收集

① 土鸡散养，鸡产蛋时间集中在上午，9—12 点产蛋量占一天产蛋量的 85% 左右，12 点以后产蛋很少。鸡蛋的收集应尽早、及时，以上午为主，高峰期可在上午捡蛋 2~3 次，下午 1~2 次。

② 人工设置产蛋箱、篮、窝后，可每天定点去捡蛋。记得每次捡蛋时留一个，让鸡有安全感，全部捡完很可能鸡就会换地方下蛋。

③ 集蛋前用 0.01% 新洁尔灭洗手，消毒。将净蛋、脏蛋分开放置，将畸形蛋、软壳蛋、沙皮蛋等挑出单放，产蛋箱内有抱窝鸡时要及时醒抱处理。

蛋壳洁净易于存放，外观好。脏污的蛋壳容易被细菌污染，存放过程中容易腐败变质，但鸡蛋用水冲洗后不耐存放，也不要用湿毛巾擦洗，可用干净细纱布将污物拭去，0.1% 百毒杀消毒后存放。

要保持蛋壳干净，减少窝外蛋，保持产蛋箱、篮、窝内的垫草干燥、洁净，减少雨后鸡带泥水进产蛋箱等是有效的办法。

三、土鸡蛋的保鲜

鸡蛋的保质期在温度 2~5℃ 的情况下是 40 天，而冬季室内常温下为 15 天，夏季室内常温下为 10 天。鸡蛋超过保质期其新鲜程度和营养成分都会受到一定的影响。如果存放时间过久，鸡蛋会因细菌侵入而发生变质，出现粘壳、散黄等现象。山区养鸡规模小，产品零星分散，运输距离较远。鸡蛋从放养场到摆上超市货架，需有一个收集、贮存保鲜、形成批量运输的营销过程。因此，采取合理的保存方式，尽量保持鸡蛋新鲜，显得十分重要。

土鸡蛋保鲜方法主要有冷藏法、浸泡法、涂膜法、气调法和埋藏法。

（一）冷藏保鲜法

冷藏保鲜即利用适当的低温抑制微生物的生长繁殖，延缓蛋内容物自身的代谢，达到减少重量损耗、长时间保持蛋的新鲜度的目的。冷藏库温度以 0℃ 左右为宜，可降至 −2℃，但不能使温度经常波动，相对湿度以 80% 为宜。鲜蛋入库前，库内应先消毒和通风。消毒方法可用漂白粉液（次氯酸）喷雾消毒和高锰酸钾甲醛法熏蒸消毒。送入冷藏库的蛋必须经严格的外观检查和灯光透视，只有新鲜清洁的鸡蛋才能贮放。经整理挑选的鸡蛋应整齐排列，大头朝上，在容器中排好，送入冷藏库前必须在 2~5℃ 环境中预冷，使蛋温逐渐降低，防止水蒸气在蛋表面凝结成水珠，给真菌生长创造适宜的环境。同样原理，出库时则应使蛋逐渐升温，以防止出现"汗蛋"。冷藏开始后，应注意保持和监测库内温、湿度，定期透视抽查，每月翻蛋 1 次，防止蛋黄粘附在蛋壳上。保存良好的鸡蛋，可贮放 10 个月。

（二）浸泡保鲜法

将土鸡蛋浸泡在特殊液体里面而达到保鲜的目的。

1. 石灰水浸泡法

生石灰 1 千克，水 20 千克，混合后静放，取上清液使用。将蛋摆在坛子中，再把石灰水（上清液）注入，使水面高于蛋面 5 厘米，往坛中撒一把盐，封口后将坛子放到凉爽处，夏季能保存 2 个月。

2. 泡花碱浸泡法

选用波美度为 45~56 的泡花碱，按 2∶30 的比例加水混合均匀，最后调节到 3.5~4 波美度。贮藏时，将蛋轻轻放在泡花碱溶液中，液面超过蛋面 5~10 厘米，以隔绝空气。保存的鲜蛋有效期为 7 个月左右。

3. 液体石蜡浸泡法

将鲜蛋放入液体石蜡中浸泡 1~2 分钟取出，经 24 小时晾干后置于坛内保存，100 天后检查，保鲜率仍可达 100%。

4. 蜂蜡浸泡法

把 10 份蜂蜡、2 份酪素、1.5 份白糖与 100 份水混合，将鲜蛋放入浸几秒钟后捞出晾干，保存 6 个月，好蛋率达 96% 以上。

5. 水玻璃浸泡法

把 1 千克的水玻璃即硅酸钠水溶液溶于 9 升热水中，冷却后倒入盛有鲜蛋的缸里，液面高出蛋面 5 厘米以上，用牛皮纸紧封缸口，置于通风处，夏季可保鲜 2~3 个月。

（三）涂膜保鲜法

1. 聚乙烯醇涂膜保鲜法

用聚乙烯醇涂膜保存鲜蛋，可有效地阻止细菌的侵入，保存期在 70~100 天，完好率达 95% 以上。

（1）原料　聚乙烯醇：可形成无色透明薄膜，附在鲜蛋表面起保护作用。醋酸钠：是一种较理想的食品防腐剂。

（2）保鲜液的配制　保鲜溶液浓度为 5%~7%。先将 10 千克清水入锅煮沸后，加入聚乙烯醇 500 克，继续加速搅拌，至完全溶解时停火。再加入 100 克醋酸钠，搅拌使之溶解，并补充沸水使溶液总重量不少于 10.5 千克，冷却后备用。每千克保鲜溶液可处理 60~70 千克鲜蛋。

（3）保鲜处理　涂膜方法视鲜蛋多少而定。数量不多时，用手一个个浸蘸，大批量可一篓篓浸蘸，必须使得整个鲜蛋表面都能完整地粘上一层溶液，晾干后形成一层无色透明薄膜。贮存期间注意室内通风，定期取样检查，防止局部蛋的温度升高，影响保鲜效果。

2. 蛋壳涂油膜法

将鲜蛋的壳上涂一层食油膜，贮藏期可达 36 天。此法适合于气温在 25~32℃时采用。

（四）气调保鲜法

气调保鲜是指在低温贮藏的基础上，通过人为降低环境气体中氧的含量，适当改变二氧化碳和氮气的组成比例来达到对鸡蛋保鲜贮藏目的的一项技术。

将清洁的鲜蛋密封于充满氮气的聚乙烯薄膜袋中，可隔绝氧气，抑制微生物繁殖和鸡蛋代谢，能保鲜 3 个月。

把鲜蛋放在贮存库内，四周密封，充以 50%~60% 的二氧化碳，能抑制从蛋中放出的二氧化碳气体，降低其呼吸作用，实现保鲜。

（五）埋藏保鲜法

1. 谷壳窝藏法

取干净的木桶或瓷坛，洗净、擦干。在容器底部均匀铺垫一层干燥谷壳，厚 1～2 厘米，其上排放一层鲜蛋，大头朝下，小头朝上，蛋与蛋之间稍稍分开，并用谷壳填塞间隔。然后，加盖 1 层谷壳（厚约 0.5 厘米），铺一层鸡蛋，如此交替重复，共可放 10～15 层，顶上再盖 1～2 厘米厚的干燥谷壳封顶即成。盖上桶盖，存放到室内阴凉干燥避光处，一般可保存半年。也可用干净的柴灰、草灰、锯木屑代替谷壳，保鲜效果相似，窝垫物质地松软，可缓冲外界的机械损伤。窝垫物间充满了导热性差的空气，可降低外界气温的影响，并有良好的吸湿功能，保持蛋体干燥，抑制腐败细菌活动。

2. 松针铺垫法

先在容器底部和内壁铺一层 1～1.5 厘米厚的松针鲜叶（去掉枝梗），上放 1 层鲜蛋，再铺一层松针（厚 0.3～0.6 厘米）放 1 层鸡蛋，如此交替重复共放 10～15 层。最后用松针封顶，厚 1 厘米左右。盖上桶盖，置于室内阴凉、干燥、避光处，一般可保鲜 3～4 个月。松针条软，可缓解机械冲击，松针可释放出生物杀菌素杀死周围的腐败细菌。使用此法保存的鲜蛋，食用时常带有松针清香，初食者可能不习惯，多食几次后可增进食欲。

3. 豆子、小米窝藏法

用干燥的红豆、绿豆、黄豆代替谷壳窝藏，方法和原理与以上两法大体相同。豆子不断进行呼吸，消耗鸡蛋周围的氧气，吐出二氧化碳，有助于抑制蛋体周围的腐败细菌活动，也可抑制鸡蛋本身的新陈代谢，延长保鲜时间。其保鲜效果比谷壳、柴（草）灰窝藏更好，一般可保鲜 7～8 个月。

四、土鸡蛋的包装

改进包装技术，可以减少损失，提高效益。首先要选择好的包装材料，力求坚固耐用，经济方便。可以采用木箱、纸箱、塑料箱、蛋托和与之配套用的蛋箱，特别是快递用的包装材料，更应坚固、防震、抗压。

（一）普通木箱和纸箱包装鲜蛋

木箱和纸箱必须结实、清洁和干燥。每箱以包装鲜蛋 300~500 枚为宜。包装所用的填充物，可用切短的麦秆、稻草或锯末屑、谷糠等，但必须干燥、清洁、无异味，切不可用潮湿和霉变的填充物。包装时先在箱底铺上一层 5~6 厘米厚的填充物，箱子的四个角要稍厚些，然后放上一层蛋，蛋的长轴方向应当一致，排列整齐，不得横竖乱放。在蛋上再铺一层 2~3 厘米的填充物，再放一层蛋。这样一层填充物一层蛋直至将箱装满，最后一层应铺 5~6 厘米厚的填充物后加盖。木箱盖应当用钉子钉牢固，纸箱则应将箱盖盖严，并用绳子包扎结实。最后注明品名、重量并贴上"请勿倒置""小心轻放"的标志。

（二）利用蛋托和蛋箱包装鲜蛋

蛋托是一种塑料制成的专用蛋盘，将蛋放在其中，蛋的小头朝下，大头朝上，呈倒立状态。每蛋一格，每盘 30 枚。蛋托可以重叠堆放而不致将蛋压破。蛋箱是蛋托配套使用的纸箱或塑料箱。利用此法包装鲜蛋能节省时间，便于计数，破损率小，蛋托和蛋箱可以经消毒后重复使用。

五、土鸡蛋的运输

在运输过程中应尽量做到缩短运输时间，减少中转。根据不同的距离和交通状况选用不同的运输工具，做到快、稳、轻。"快"就是尽可能减少运输中的时间；"稳"就是减少震动，选择平稳的交通工具；"轻"就是装卸时要轻拿轻放。

① 运输前，货主应向当地动物卫生监督机构申报检疫，办理动物产品检疫证明，合格后加上检疫标志。

② 蛋箱要防止日晒雨淋；冬季要注意保暖防冻，夏季要预防受热变质。

③ 包装和运输工具必须清洁干燥，使用前均应消毒。

④ 凡装运过农药、氨水、煤油及其他有毒和有特殊气味的车船，应经过消毒、清洗后没有异味时方可运输。

⑤ 运输鸡蛋的车辆应使用封闭的火车或集装箱，不得让鸡蛋直接暴露在空气中运输。

六、活土鸡的运输

需要运输的活土鸡必须来自非疫区的健康鸡群。活鸡运输前，货主应向当地动物卫生监督机构申报检疫，办理动物产品检疫证明。检验合格后方可运输。运鸡的笼具和车辆必须清洗、消毒。装笼时要注意做健康检查，及时发现和剔除病鸡。

活土鸡运输时要注意以下问题。

（一）装笼密度要适宜

活鸡是鲜活商品，在运输过程中因为比较集中，必须根据季节的不同，适当增减每笼的只数。让活鸡有一定的空间，以保证正常运输。一般在秋末至春末阶段，每笼比标准多装 1~2 只，初夏至深秋则相对减少 1~2 只，这样做虽然有时增加了每只鸡的运费，但却减少了死亡残损，提高商品质量。

（二）选择适合的运输笼

运输途中因长途运输及路况原因，容易造成笼具挤压而产生伤亡鸡只。所以选好笼具非常重要。活鸡运输笼一般选用钢筋结构的铁丝笼，规格为 750 毫米×550 毫米×270 毫米，每笼装运 12 只活土鸡。也有使用一次性的竹笼运输，因为竹笼通风透气，易于装卸，成本又低，特别适合夏季的长途运输，但容易造成挤压。也可以用塑料笼运输，不过塑料笼虽然坚固耐用，但吸热快，散热慢，不适于夏季长途运输。

（三）掌握好季节变化，调整运输时间

在秋末至春末阶段为下午 1—3 时发车，夏季至初秋为晚上发车。原则上根据天气情况，气温低、阴天就早装早运，天气热则晚装晚运。避免车辆在日光下暴晒，尽量减少损失。

（四）夏季淋水降温

在夏季高温的情况下，装车前将汽车、运输笼及鸡身淋水，降低活鸡体温，以减少闷热。

（五）根据路线畅通情况，适当采取防范措施

路途如发生堵车时，车厢内活鸡因缺少空气流动被闷死的机会大大增加。面对这个情况，提前考虑路况，让放在底层的运输笼少装鸡，并注意保持笼间通风。在有水源的地方，可向鸡身上喷水降温。

（六）积极到当地保险公司投保

如因公路堵塞车辆、汽车沿途故障等引起的活鸡死亡情况，及时反映给保险公司，可获得部分赔偿，减少损失。

第九章
重视种用土鸡的饲养管理

　　种用土鸡按生长发育不同，一般可以分为育雏期、育成期和产蛋期3个生理阶段。各个阶段在生理特点、生长发育规律和生产性能上存在很大差异。根据不同的生理阶段，给予不同的饲养管理。0~7周龄是土鸡的育雏期，其饲养管理同商品土鸡，但育成期、产蛋期有特殊的要求。

第一节　种用土鸡育成期的饲养管理

　　土鸡从育雏结束，一直到开始见蛋的时期称为育成期，也叫后备鸡阶段。相对于培育鸡种，土鸡的性成熟期较晚，育成期时间长，即便是早熟品种的土鸡，如浦东鸡、萧山鸡、固始鸡等，开产周龄也在26~30周；晚熟品种，如北京油鸡、寿光鸡等，需要到32~34周龄才能开产见蛋。

一、种用土鸡育成期的生理特点和培育目标

（一）育成期的生理特点

　　种用土鸡育成期已经长出成羽，并且羽毛丰满，体温调节机能健全，对外界环境具有了较强的适应能力。同时，消化机能渐强，采食多，容易过肥；钙磷的吸收能力强，骨骼发育旺盛，肌肉生长最快。因此，要适当降低日粮的蛋白质水平，保证微量元素和维生素的足量供给，到了育成后期，还要增加钙的饲喂量。

　　小母鸡从第11周龄开始，卵巢滤泡开始逐渐积累营养物质，滤泡渐渐增大；小公鸡12周龄后睾丸及副性腺发育速度加快，精细胞开始出现。到了18周龄，性器官发育更加迅速。从12周龄以后，土鸡的性器官发育很快，对光照时间的长短反应敏感，所以应注意光照

控制。

（二）育成期土鸡的培育目标

育成鸡的培育目标是通过育雏育成期精心的饲养管理，培育出个体质量和群体质量都优良的育成新母鸡。

鸡群个体要求健康无病、活动灵活、反应敏锐、食欲旺盛、采食有力、体形良好，符合本品种特点，羽毛紧凑光洁；鸡冠、脸、肉髯颜色鲜红，眼睛突出，鼻孔洁净，肛门周边羽毛清洁无污染，粪便色泽、形状、气味等正常；个体挣扎有力，胸骨平直，肌肉和脂肪配比良好。

鸡群群体质量良好，雏鸡应来源于有生产许可证厂家的优质土鸡品种；体重发育符合品种标准，均匀度好，大小一致；抗体水平符合安全指标。

二、种用土鸡育成期的饲养

1. 笼养

用蛋鸡育成笼饲养育成期土鸡。笼养的优点是：相同房舍饲养数量多；饲养管理方便；鸡体与粪便隔离，有利于疫病预防；免疫接种时抓鸡方便，不易惊群。笼养投资相对较大，适合大规模、集约化土鸡饲养。

2. 网上平养

在离地面 40~60 厘米的高度设置平网，把育成期的种用土鸡养在上面。网上平养鸡的鸡体与鸡粪彻底分开，可减少发病机会，提高育成率。平网可用塑料网、木板条、钢丝网或竹板条制成。鸡舍内设网时，注意留有走道，方便饲喂和管理。

3. 地面垫料平养

在舍内地面铺设厚垫料，把育成期的土鸡养在上面。这种方式投资小，适合小规模户使用。其缺点是，鸡容易受潮，球虫病感染率高。要加强对垫料的管理，保持垫料具有一定的弹性、松软、干燥，经常翻动，及时更换潮湿结块甚至发霉的垫料。

4. 放牧饲养

土鸡在放牧的过程中，不仅能吃到大量的青绿饲料、昆虫、草籽等营养物质，满足部分营养需要，节约饲料，而且能增加运动，增强体质。牧地可选择果园、林地、草场、山坡、农田茬地等。天气晴朗时，可延长放牧时间。场地要经常更换，或定期轮牧。

三、种用土鸡育成期的饲养重点

种用土鸡育成期的饲养重点是控制体重，防止过肥而影响产蛋性能的发挥。育成期的饲料营养浓度较育雏期和产蛋期低，应适当加大麸皮、米糠的比例。平养时可供给一定量的青绿饲料，占配合饲料用量的25%左右。育成鸡每天要减少喂料次数，平养时，上午一次性将全天的饲料量投放于料桶或饲槽内；笼养时，上午、下午分两次投料；放牧饲养时，每天傍晚入舍前适当补饲精料。育成鸡每天喂料量的多少要根据鸡体重发育情况而定，每周称重1次（抽样比例为10%），计算平均体重，与标准体重比较，确定下周的饲喂量。育成期土鸡要供给充足、洁净的饮水。

四、种用土鸡育成期的管理

（一）日常管理的重点

1. 脱温

育雏结束，进入育成阶段要脱温。脱温的时间，要根据外界环境温度来确定，如冬季育雏时脱温时间可能推迟到8~9周龄，甚至是10周龄，应逐渐脱温。注意育成鸡的防寒，特别是在寒冷季节，脱温后一定要准备防寒设备，了解天气变化，做好防寒准备，避免突然的寒冷引起育成鸡的死亡。

2. 转群

育成阶段要进行多次转群，如育雏舍转入育成舍，再转入种鸡舍，转群过程中，尽量减少各种应激。

3. 饲养管理程序稳定

严格执行饲养管理操作规程，保证人员稳定、饲养程序和管理程序稳定。

4. 卫生管理

每天清理清扫舍内污物，保持舍内环境卫生；定期清粪；每周鸡舍消毒 2~3 次，周围环境每周消毒 1 次。

5. 搞好环境控制

育成舍内温度应保持在 15~25℃，相对湿度在 55%~60%，注意通风换气，排出舍内氨气、硫化氢、二氧化碳等气体，保证充足的新鲜空气。

6. 细致观察鸡群

每天都要仔细认真地观察鸡群，注意精神状态、采食情况、粪便形态以及其他情况，发现异常及时处置。

（二）光照管理

光照控制是控制鸡群性成熟的主要途径。在育成期，特别是育成中后期（7 周龄到开产），光照时间不可延长，光照强度也不可增加。一般以自然光照为主，适当进行人工补充光照。每年 4 月 15 日至 8 月 25 日期间出壳的雏土鸡，育成中后期正处在自然光照逐渐缩短的时期，基本可以完全利用自然光照即能满足要求；而每年 8 月 26 日至次年 4 月 14 日所孵化的雏土鸡，到了育成中后期，正处在自然光照逐渐延长的时期，这时要结合人工补充光照（每天定时开灯、关灯），使每天光照保持恒定时间，或者使光照时间逐渐缩短。

（三）体型和均匀度的控制

体型好、发育均匀整齐的鸡群，产蛋量多，种用价值大。定期称测体重和胫骨长度，计算平均体重和平均胫长，根据平均体重调整饲料饲喂量，使育成的土鸡体重符合要求。同时要计算均匀度，了解鸡群发育的均匀情况，并进行必要调整，使育成的新母鸡群体均匀整齐。均匀度指群体内体重在平均体重±10%范围内的个体所占的比例。为了获得较高的均匀度，生产中要做好以下几方面工作。

体型和均匀度的管理目标是：育成鸡体重周周达标，为产蛋储备体能；每周均匀度达到 85%以上；9 周龄骨骼发育完成 80%，15 周龄前后发育成熟。

体重不达标时要加强管理，确保环境稳定、适宜，饲养密度适宜，不拥挤；适当增加饲喂量，增加饲料中粗蛋白质、钙磷和微量元素的含量；推迟更换育成鸡料，但最晚不超过 10 周龄。

要提高鸡群均匀度，保持鸡群健康、正常的生长发育；喂料均匀，密度适宜，断喙正确；采取分群管理，根据体重大小将鸡群分为3组：超重组、标准组、低标组，对低标组的鸡群增加营养，对超标组的鸡群进行适当限制饲喂。

（四）补充断喙

在7～12周龄期间对第一次断喙效果不佳的个体进行补充断喙。用断喙器进行操作，要注意断喙长度合适，避免引起出血。

（五）育成期的选择与淘汰

种用土鸡的选种与淘汰是一项非常重要的工作，只有进行合理的选择淘汰，才能提高整个种鸡群的种用价值，提高合格种蛋的数量，提高商品土鸡的质量和档次，降低饲料成本，从而提高饲养效益。

种用土鸡在育成期内，要结合日常饲养管理，剔除淘汰那些喙部交叉、单眼、跛步、体型不正等畸形鸡；羽毛生长不良，眼、冠、皮肤苍白，消瘦的鸡；淘汰有病的个体。在12～13周龄，重点挑选种用公鸡，把那些个体发育良好、冠大鲜红的个体公鸡留作种用；到18周龄，重点选择种用母鸡，观察母鸡全身发育情况，要逐只进行选择，淘汰发育不良的个体。

（六）记录和分析

记录的内容与育雏期相同，根据记录情况每天填写育雏育成鸡周报表。每周根据周报表对育成鸡的体重、胫长和采食情况进行分析，找出问题，制定下一步改进措施。育成期结束，计算育成期成活率和育成成本。

第二节　种用土鸡产蛋期的饲养管理

一、开产前的饲养管理

种用土鸡开产（150～160天）前数周是母鸡从生长期进入产蛋期的过渡阶段。此阶段不仅要进行选留淘汰、免疫接种、饲料更换和增加光照等一系列工作，给鸡造成极大应激，而且这段时间母鸡生理变化剧烈，敏感，适应力、抗病力较差，如果饲养管理不当，极易影响产蛋性能。蛋鸡开产前的饲养管理应注意如下几方面。

（一）做好开产前的准备工作

鸡舍和设备对产蛋鸡的健康和生产有较大影响。开产前要检修鸡舍及设备，认真检查供电照明系统、通风换气系统，如有异常应及时维修；对鸡舍和设备进行全面清洁消毒。另外，要准备好所需的用具、药品、器械、记录表格和饲料，安排好饲喂人员。

（二）挑选

1. 开产日龄

土鸡一般在5~6月龄见蛋。

2. 选留淘汰

土鸡要求生长发育良好，均匀整齐。如果参差不齐会严重影响生产性能。要按品种要求剔除体型过小、瘦弱鸡和无饲养价值的残鸡，选留精神活泼、体质健壮、体重适宜的优质鸡。

（三）免疫接种

开产前要进行免疫接种，这次免疫接种对防止产蛋期疫病发生至关重要。免疫程序合理，符合本场实际情况；疫苗来源可靠，保存良好，质量保证；接种途径适当，操作正确，剂量准确。接种后要检查接种效果，必要时进行抗体检测，确保免疫接种效果，使鸡群有足够的抗体水平来防御疾病的发生。

（四）驱虫

开产前要做好驱虫工作。选用合适的驱虫药，对120~130日龄的鸡拌料集中驱虫，1周后重复一次。

（五）光照

光照对鸡的繁殖机能影响极大，增加光照能刺激性激素分泌而促进产蛋，缩短光照则会抑制性激素分泌，因而抑制排卵和产蛋。通过对产蛋鸡的光照控制，以刺激和维持产蛋平衡。此外，光照可调节母鸡的性成熟和使母鸡开产整齐，所以开产前后的光照控制非常关键。现代土鸡已具备了提早开产的能力，适当提前光照刺激，使新母鸡开产时间适当提前，有利于降低饲养成本。体重符合要求或稍大于标准体重的鸡群，可在 20 周龄时将光照时数增至 13 小时，以后每周增加 30 分钟直至光照时数达到 16 小时，而体重偏小的鸡群则应在 22 周龄时开始光照刺激。光照时数应渐增，如果突然增加的光照时间过长，易引起脱肛；光照强度要适当，不宜过强或过弱，过强易产生啄癖，过弱则起不到刺激作用。开放舍育成的新母鸡，育成期受自然光照影响，光照强，开产前后光强度一般要保持在 15~20 勒克斯范围内，否则光照效果差。

（六）饲养管理

土鸡开产前的饲养管理不仅影响产蛋率上升和产蛋高峰持续时间，而且影响死淘率。

1. 适时更换饲料

开产前 2 周骨骼中钙的沉积能力最强，为使母鸡高产，降低蛋的破损率，减少产蛋鸡疲劳症的发生，应从 19 周龄起把日粮中钙的含量由 0.9% 提高到 2.5%；产蛋率达 20%~30% 时换上含钙量为 3.5% 的产蛋鸡日粮。

2. 保证采食量

开产前应恢复自由采食，让鸡吃饱，保证营养均衡，促进产蛋率上升。

3. 保证饮水

开产时，鸡体代谢旺盛，需水量大，要保证充足饮水。饮水不足，会影响产蛋率上升，并会出现较多的脱肛。

（七）减少应激

1. 合理安排工作时间，减少应激

免疫接种时间最好安排在晚上，捉鸡动作要轻。更换饲料时要有 3~5 天的过渡期。

2. 使用抗应激添加剂

开产前应激因素多，可在饲料或饮水中加入抗应激剂以缓解应激。

（八）卫生

土鸡开产后进行一系列管理程序，会对鸡造成较大应激。随着产蛋率的上升，鸡体代谢旺盛，抵抗力较差，极易受到病原侵袭，所以平时必须加强防疫卫生工作。杜绝外来人员进入饲养区和鸡舍，饲养人员进入前要消毒；保持鸡舍环境、饮水和饲料卫生。此外，平时注意使用中草药控制大肠杆菌病、病毒病和输卵管炎的发生。

（九）加强观察

注意细致观察鸡的采食、呼吸道、粪便和产蛋率上升等情况，发现问题及时解决。鸡开产前后，生理变化剧烈，敏感不安，应多注意观察。及时发现脱肛鸡、啄肛鸡、受欺负鸡和病弱残疾鸡，挑出处理。

二、高产期的饲养管理

（一）种用土鸡刚转入产蛋期时，仍喂育成鸡饲料

待鸡产蛋达5%时更换蛋鸡饲料。高峰期的产蛋土鸡，当产蛋率在75%以上时，饲料中每千克饲料中含代谢能11.56兆焦、粗蛋白质17%~18%、钙3.6%~3.8%、磷0.6%。为了保证产蛋鸡所需的能量，饲料中麸皮应低于5%，在2—3月份可添加2%的油脂。

（二）严格掌握补光制度

产蛋期光照按土鸡开产前的饲养管理光照程序补光，当准备淘汰整群鸡时，可以在最后一个半月左右将每日光照提高到18小时，以便充分挖掘土鸡的产蛋潜力。光照强度为25瓦灯泡，灯与灯之间距离约3米，离地2米，保证每平方米4~5瓦。灯泡应交错分布，以使地面获得均匀光照和提高光照的利用率。产蛋鸡补光的同时，一定要注意满足鸡体的营养需要。尤其是蛋白质，钙、磷，维生素A、维生素D_3、维生素E等，不能低于正常水平。

（三）注意温度、湿度和通风换气

产蛋鸡最适宜的温度是15~25℃，当低于10℃或高于32℃时，鸡群产蛋率明显下降；鸡舍相对湿度以55%左右为宜；鸡舍还要保持空气新鲜，空气中氨气、二氧化碳等有害气体浓度过高都会损害鸡的健康，从而造成鸡群产蛋率下降。因此，在不同季节里，要根据气温和气候状况，在基本保证鸡舍温、湿度合适的情况下，进行通风换

气，冬季要保暖通风，夏季防暑降温，加大通风量。

（四）精心饲养

1. 喂料

根据鸡群产蛋率的高低，季节气候变化和鸡体重变化等情况，采取调节饲养。冬季采食量大，可适当降低蛋白质水平，有条件的可在饲料中加些油脂，夏季采食量小，适当提高蛋白水平。1 天可投料 2 次，但无论几次，都要确保每只鸡的日粮总量。

2. 给水

鸡饮水不足会影响产蛋，尤其是夏季鸡饮水多，更不能让鸡缺水。饮水中可添加小苏打（一般饲料中添 0.3%），对提高种用土鸡的蛋重、成活率、产蛋率有显著的效果。

（五）强化管理

1. 一般管理

产蛋鸡的生产管理要制度化，如严格的光照制度给料、给水、捡蛋，观察鸡群，冲刷水壶，清理粪便等，都要有一定的时间和规律。为了给鸡造成一个良好的生产条件，培育出高产鸡群，一定要遵守鸡群的管理制度，甚至管理人员进出鸡舍的时间、穿着等都要固定不变才好。

2. 产蛋高峰期管理

从开产至产蛋高峰，新母鸡将以相当快的速度增长，鸡群产蛋率上升也很快，每周产蛋率增长 1 倍左右，因此一定要喂给足够的、质量好的营养完全的饲料。在此时期，产蛋期鸡处于高度兴奋状态，对来自环境的刺激极为敏感，极易受到惊扰而影响产蛋，此时要保持环境安静，气候适宜，使鸡的产蛋潜力得到充分的发挥。

3. 观察鸡群

在清晨鸡舍内开灯后，观察鸡群精神状态和粪便情况，若发现弱鸡和异常鸡，应及时挑出；夜间闭灯后倾听鸡有无呼吸病的异常声音，特别是在冬天，由于通风不良，易造成呼吸道疾病，因此可及时调整通风，如发现有呼噜、咳嗽等，有必要挑出隔离治疗；观察舍温的变化幅度，尤其是冬、夏季节要看温度并做好记录，还要查看通风饮水系统及光照等，发现问题及时解决；观察有无啄癖鸡，若发现应及时挑出，用紫药水将血色涂掉或及时淘汰。

4. 作好生产记录

要管理好鸡群，就必须作好鸡群的生产记录。因为，生产记录反映了鸡群的实际生产动态和日常活动的各种情况，通过学习及时了解生产、指导生产。日常管理中对某些项目如入舍鸡数、存栏数、死亡数、产蛋量、产蛋率、耗料、体重、蛋重、舍温、天气、免疫、用药等都必须认真记录。

（六）产蛋突然下降的原因

蛋鸡产蛋高峰过后，产蛋率开始下降，这是正常规律，在良好饲养管理条件下，产蛋率每周下降1%左右，如果超过这个范围，说明有异常原因。

1. 管理和环境方面的原因

连续数月喂料不足或饲料成分变化，适应性不好，降低采食量，缺水，异常的惊扰，通风不好，鸡舍温、湿度过高或过低，光照、投料、清粪时间的变化等，都会造成产蛋率突然下降。

2. 疾病方面的原因

急性传染病，如新城疫、传染性喉气管炎、传染性支气管炎等引起产蛋率突然下降。

3. 鸡群休产时同步化原因

大部分将在同1天休产引起的产蛋突然下降。

三、产蛋后期的饲养管理

种用土鸡产蛋后期体重几乎不再增长，产蛋量逐渐下降，蛋壳质量逐渐变差。因此应及时调整饲料营养，加强管理。

（一）补钙

要使鸡尽量多产优质蛋，合理供钙尤为重要。一个正常蛋壳约含16克钙，但钙在体内的存留率仅为50%~70%，因此产1枚蛋需4克钙，需求量较大。如果钙不足会促进吃料量，使饲料消耗过多，母鸡体重增加，使肝中脂肪沉积增多，造成脂肪肝。如果料中钙过于饱和，会使鸡的食欲减少，影响产蛋率。如果饲料中钙不足会使蛋壳变差，软壳蛋和无壳蛋增多，甚至使母鸡瘫痪，既而发生笼养土鸡疲劳症。后期饲料中钙的含量 42~62 周龄为 3.6%，63 周龄后为 3.8%。贝壳、石粉和磷酸氢钙是良好的钙来源，但要适当搭配，有的石粉含钙量较低，有的磷酸氢钙含氟量较高，一定要注意慢性氟中毒。如全用石粉则会影响鸡的适口性，进而影响食欲。在实践中贝壳粉添加2/3，石粉添加 1/3，不但蛋壳的强度良好，而且很经济。大多数母鸡都是夜间形成蛋壳，第 2 天上午产蛋。在夜间形成蛋壳期间母鸡感到缺钙，如下午供给充足的钙，让母鸡自由采食，其能自行调节产蛋量。在蛋壳形成期间吃钙量为正常情况的 92%，而非形成蛋壳期间仅为 86%。因此下午 4~5 点是补钙的黄金时间，对于蛋壳质量差的鸡群每 100 只鸡每日下午可补充 500 克的贝壳粉或石粉，让鸡群自由采食。

（二）及时捡出和淘汰劣种种鸡

及时捡出和淘汰劣种种鸡，是节约成本，提高产蛋率、受精率和鸡群素质的重要措施。所谓劣种母鸡，就是低产、病残、无经济价值的母鸡；劣种公鸡，是指患有某种疾病或性欲不强、配种能力差的公鸡。要勤于观察，严格要求，一旦发现，立即捡出，下决心淘汰。

（三）产蛋鸡与停产鸡在外观形态上的区别

土鸡在产蛋期间，性腺活动和代谢机能旺盛。卵巢输卵管和消化机能都很旺盛，因此产蛋鸡与停产鸡在外观上有很大区别。冠和肉髯：产蛋鸡冠和肉髯大而鲜红、丰满、触摸时感觉温暖；停产鸡冠和肉髯皱褶、淡红或暗红色。腹部容积：腹部是消化和生殖器官的所在地。产蛋鸡消化和生殖器官发达，体积较大，表现为腹部容积大；而停产鸡则相反，腹部容积小，触摸发硬。色素变换：母鸡开始产蛋后，黄色素转移到蛋黄里，在母鸡肛门、喙、脸、胫部、脚趾等黄色素缺乏补充，逐渐变成褐色、淡黄色或白色。而停产鸡的这些部位仍呈黄色。

第十章

做好土鸡常见病防控

第一节 土鸡疾病的综合防控措施

放养土鸡疾病的预防有许多的有利因素，比如，放养土鸡活动范围大、运动量大、体质好、抗病力强；天然树叶、青草、草籽、果实等食物，其维生素、蛋白质、微量元素含量丰富，而且有些食物具有保健作用，采食放养草场、果园中的昆虫及其蛹和幼虫、蝗虫、蚯蚓、蝇蛆等，不仅获得了丰富的蛋白质，而且这些动物蛋白中含有抗菌肽，能提高鸡体的抗菌和抗病毒的能力。但也存在许多不利因素，如饲养管理技术落后，防病意识淡薄，主要是经营者缺乏系统的科学管理知识，没有防病治病的经验，有病乱投药；放养鸡环境不好控制，气候多变，易受暴风雨、冰雹、雷雨等自然灾害侵袭应激大，寄生虫病、传染病容易流行，而且不好隔离；种鸡场良种繁育体系不健全，鸡白痢病净化不彻底；存在一些免疫抑制病，如白血病、传染性贫血病、网状内皮组织增生症等。

一、土鸡的发病规律

（一）呼吸道病、软骨病少

土鸡在育雏阶段，由于饲养密度大，育雏舍内空气中氨气含量高，通风不良，会引起呼吸道疾病。但到了 30~45 日龄脱温后，在放养时，由于放养鸡密度小、活动空间大、空气新鲜，很少再有呼吸道疾病的发生。

此外，放养鸡在太阳的光浴下，紫外线不仅对体表有消毒作用，而且使鸡皮肤中的 7-脱氢胆固醇转化为维生素 D_3，而维生素 D_3 是骨骼钙吸收的主要物质，所以放养鸡一般不会发生软骨病，而且冠红、羽毛光亮。

（二）球虫病和寄生虫病多

放养鸡接触地面，在土壤中直接觅食昆虫、蚯蚓、草籽、沙子、饮水等，极易感染球虫卵和其他寄生虫卵，如蛔虫、异刺线虫、绦虫、组织滴虫、体外寄生虫及螨虫等，而病鸡粪便又直接污染饲料、饮水、土地，使得虫卵接力传染。天热多雨、鸡群过分拥挤、放养场地地势低洼、过于潮湿、大小鸡混群饲养、饲料中缺乏维生素 A 以及补充日粮搭配不当等情况会加剧本病的传播。

（三）新城疫和法氏囊病多

放养鸡主要来自一些地方品种，由于其规模不大，有些种蛋甚至来源分散，种鸡母源抗体差别很大，参差不齐，这就给雏鸡的新城疫、法氏囊病的免疫带来许多困难。有的种鸡群不进行法氏囊油苗注射，雏鸡法氏囊母源抗体水平低，而此时由于中枢免疫器官尚未发育健全，法氏囊病毒感染后破坏了法氏囊免疫器官而不能产生 B 淋巴免疫细胞，使雏鸡处于免疫缺陷状态，极易发病，且死亡率高。因此，新城疫、传染性支气管炎等传染病也易发生。放养鸡由于分散饮水不易集中，给新城疫的饮水免疫带来很大困难，而常引发非典型新城疫。

（四）马立克氏病多

马立克氏病是一种潜伏期长，临床上发病高峰期常见于 60~120 日龄，是一种目前尚无药可治的免疫抑制性病毒病。放养鸡场马立克氏病多发的主要原因有三方面，一是多年来人们思想上普遍认为本地土鸡抗病力强，不需要接种马立克氏病疫苗；二是有些放养鸡场购买商品蛋鸡鉴别公雏时，不接种马立克氏病疫苗，以期减少养鸡成本；第三，对于本病的预防，要求在出壳后 24 小时内皮下有效注射接种疫苗，而且疫苗的保存和使用条件比较苛刻，费时费钱，一些孵化经营者抱有侥幸心理或嫌麻烦，干脆就不接种马立克氏病疫苗，造成本病大面积暴发。

（五）条件性细菌病多发

沙门氏菌类（鸡白痢病、伤寒、副伤寒）多见，一般因应激引起散发性发病。大肠杆菌病是最常见和多发的一种条件性传染性疾病，多发于育雏阶段。与饲养管理、温度控制、饲养密度、种雏质量等因素有关，放养中后期一般很少发病。

（六）两种以上疾病混合感染病多见

临床上常见新城疫和大肠杆菌，传染性贫血病、大肠杆菌和支原体，传染性贫血病和鸡痘等混合感染。40日龄以上的病鸡在解剖中常见有蛔虫、绦虫、组织滴虫等不同程度的感染。

二、土鸡疾病防控的误区

除了做好以上几项综合性的防疫措施外，还需解决一些观念上的问题和纠正一些错误做法。

（一）盲目认为接种了疫苗或菌苗，鸡场就万事大吉了

疫苗、菌苗能有效预防传染病的发生，但不是绝对的。由于疫苗、菌苗的质量、接种的方式方法、接种时间、鸡体的健康状况等因素的影响，接种后也不可能产生100%的保护率。因此，日常的综合性防控措施任何时候都不能放松。

（二）邻居围观

在农村，每当谁家购进一批小鸡时，常常可以看到街坊邻居前来观看祝贺。作为主人，因碍于情面或贪图热闹和吉利而不加阻拦，岂不知这样既增加了鸡群应激，又增加了传染病发生的机会。

（三）用饲料销售部门的包装袋盛装饲料

在饲料购销上不注意专袋专用和定期消毒，有的为图省事干脆用饲料销售部门的麻袋，用完归还，这样同一个麻袋可能在几个养鸡场周转，带上不同的传染病原，从而增加疾病传播的机会。一些不具备条件的专业户，私自销售饲料，这样也会增加疾病的传播。为杜绝这一问题，除养鸡者自身注意外，饲料销售部门也应予以配合，对饲料袋应定期消毒后使用。

（四）病死鸡不做无害化处理

处理病死鸡最方便的方法是深埋或焚烧，但在农村，死鸡随便乱扔，或不经处理便拿去喂狗，或低价卖给小贩，或自己食用的现象很

普遍，这样无异于人为地散播病原，从而引起传染病的流行。

（五）不按要求进行卫生消毒

在消毒问题上存在几种错误看法。

① 认为只要定期消毒即可，而不注意消毒前的清扫、洗涤，有时鸡舍、水槽、食槽肮脏不堪的情况下才进行消毒，结果仍无多大作用，传染病照样发生。

② 使用消毒剂不按比例稀释，任意加大或缩小浓度。

③ 不注意消毒剂的存放，不注意防潮防晒，以致使药效大减，不能起到应有的消毒作用。

（六）放养鸡户相互串门，交叉传染

土鸡放养专业养殖户之间相互交流经验对促进养鸡业的发展是有益的，但是在农村不经消毒、更衣便相互聚在一起讨论问题的现象很普遍，甚至将来人直接引入鸡舍现场说教，或将死鸡从1个鸡场拿到另1个鸡场解剖，这样相互间的直接接触或间接接触无疑都会增加疫病传播的机会。建议在养鸡集中的地方设立专门的房屋，配套消毒设施，定期供养鸡者交流经验之用。

（七）自身消毒及用具不固定

有些人进入鸡舍根本不消毒，绝大部分只注意脚下消毒而不注意更换衣帽。农村饲养员不如大鸡场的专业饲养员固定，往往流动性大，所以自身消毒更应注意。有的鸡场料桶、料瓢、水桶和水瓢等不固定，随拿随用；有的在水中加药无专用搅水棍而随用随找，这些无疑也会增加疫病发生的机会，因此各种用具应当专用，还应定期消毒。

三、土鸡疾病的综合防控措施

对于养鸡户来说，做大的顾虑就是害怕鸡发病，尤其是传染病。鸡只发生疫病，有效的治疗措施比较少，治疗的经济价值也较低。有些病即使治好了，鸡的生产性能也会受到影响，经济上也不划算。因此，要认真做好预防工作，从预防隔离、饲养管理、环境卫生、免疫接种、药物预防等方面，全面抓好放养鸡场的综合防控工作。概括起来，综合性防控措施主要有以下几点。

（一）把好引种进雏关

雏鸡要来自种用土鸡质量好、防疫严格、出雏率高的厂家。雏鸡应尽量购自无支原体等蛋传性疾病的健康种用土鸡群；初生雏经挑选、雌雄鉴别、注射马立克氏病疫苗后，要在48小时内运回场。为了不把运雏箱上黏附的病原带进放养鸡场，在雏鸡进入鸡场前，要盖上箱盖，并在舍外进行严格的喷雾消毒。

（二）生态隔离

1. 隔离

隔离就是防止疫病从外部传入或放养场内相互传播。有调查表明，病原90%以上都是由人和进鸡时传入的。所以进雏的选择及进雏后的隔离饲养等都必须严格按规定执行。鸡舍入口处应设有一个较大的消毒池，并保证池内常有新鲜的消毒液；工作人员进入鸡舍须换工作服和鞋，入舍前洗手并消毒，鸡舍中应做到人员、用具和设备相对固定使用；严禁外人入舍参观，也不去参观他人的鸡场；非同批次的鸡群不得混养。在放养时也尽量做到生态隔离，即与其他鸡场要有一个隔离带，如果放养的地方面积较大，可以隔成几个小区，进行不同批次的鸡只轮流放养。

2. 控制人员进出

严格控制外来人员、车辆进入育雏室、鸡舍和放养场地；饲养员进入舍内要穿专用工作服、鞋、帽；门口设消毒池，保持消毒液新鲜。

（三）保证饲料和饮水卫生

购买饲料时，一定要严把质量关，对有虫蛀、结块发霉、变质、污染毒物的原料，千万不要贪图便宜或购买方便而购进，特别是对鱼粉、肉骨粉等质量不稳定的原料，要经严格检验后才能购进。饲喂全价饲料应定时定量，不得突然更换饲料。

生产中必须确保全天供应水质良好的清洁饮水，不能直接使用河水、坑塘水等地表水，如果只能使用这种水，用时必须经沉淀、过滤和消毒处理。建议使用深井水和自来水。目前，一般放养鸡场都用水槽饮水，由于水面暴露在空气中，容易受到尘埃、饲料和粪便的污染。所以，鸡的饮水必须注意消毒，消毒药可用高锰酸钾、次氯酸钠、百毒杀、漂白粉等，并每天清洗水槽 1 次。生产中若改水槽为乳头式饮水器，可减少饮水污染。

（四）创造良好的生活环境

创造一个适宜的生活环境，是保证鸡只正常生长发育和产蛋的重要条件。由于鸡的抗病能力差，对光线敏感，且易受惊吓而引起骚动。所以，放养鸡周围环境要保持安静。饲养管理人员在放养场内要穿戴工作衣帽，工作认真，严格遵守操作规程，做好清洁卫生工作，保持放养场内、鸡舍内干燥，做到鸡体、饲料、饮水、用具和垫料干净。鸡舍周围的垃圾和杂草是昆虫滋生的场所，一定要清除干净。鸡舍、饲料间周围建 5 米的防鼠带，消灭老鼠和蚊蝇，防止猫、狗、鸟等进入。病死鸡要清出场外，不能堆放在场内。鸡舍内部要保持空气新鲜，通风良好，温度、湿度适宜，并按鸡体生理要求，提供一定时间和强度的光照。

育雏舍和鸡舍必须保持清洁，每天清除粪便污物，对粪便污物和鸡尸进行无害化处理；每月除对舍内外环境、用具和带鸡消毒 1 次外，同时每一批鸡出栏后，进鸡前 7～10 天对育雏舍和鸡舍内外环境和用具等设备彻底清洗，地面及用具等采用 3%～5% 的来苏尔水溶液等消毒药喷雾和浸泡消毒；舍内采用每立方米空间用 25 毫升福尔马林加 12.5 克高锰酸钾熏蒸消毒；对放养场地进行清理，可用生石灰或石灰乳泼洒消毒，消毒时至少要用 2 种以上不同药物进行交替更新消毒。每养一批鸡要间隔一段时间再养。

（五）抓好免疫接种和预防性投药

免疫接种可使鸡产生免疫力，是防止某些传染病的有效措施。目前，商品放养鸡场主要应预防鸡马立克氏病、鸡传染性法氏囊病、鸡新城疫、传染性支气管炎、鸡痘、禽霍乱等。

1. 制定可行的免疫程序

要结合当地疫病发生情况，在供雏厂家和当地兽医的指导下，制定适合自己放养场的免疫程序。通过免疫的鸡群，对某种疫病具有高度、持久、一致的免疫力，可有效地防止疫病的发生。但是，没有一个程序是永久不变的，也没有一个程序可供所有放养土鸡照搬照抄使用。必须根据自己的实际情况，灵活制定。

参考程序一：1日龄马立克疫苗，皮下注射；10日龄新城疫+传染性支气管炎H120疫苗滴鼻；14日龄法氏囊B87疫苗滴口，鸡痘疫苗刺翅；21日龄新城疫+传染性支气管炎H52滴眼；42日龄新城疫+传染性支气管炎二联四价疫苗饮水；65日龄加倍饮水免疫。

参考程序二：1日龄马立克疫苗，皮下注射；5日龄法氏囊B87滴口；17日龄法氏囊二价疫苗滴口，鸡痘疫苗刺翅；21日龄新城疫+传染性支气管炎H52滴眼；42日龄新城疫+传染性支气管炎二联四价疫苗饮水；65日龄加倍饮水免疫。

2. 科学保存和使用疫苗

疫苗要低温下运送和保存，尽快投入使用，缩短保存期；免疫时要严格按免疫操作规程，免疫前后2天，禁止使用消毒剂；饮水免疫时，先给鸡停止饮水2~4小时后，再将稀释液稀释后尽快使用完，未使用完的弃之不用；除厂家生产的疫苗外，一般不能随便将两种疫苗混合使用；两种疫苗接种的间隔时间要保持在4~6天，以减少疫苗的相互干扰。

3. 预防性投药

预防性投药是在未发生疫病之前用抗菌药进行预防剂量给药。为防止病菌产生耐药性，还应采取几种药物交替使用的方法。应注意的是，放养鸡接近出售时应停止喂药，以免产生残留。为了确保产品的环保、绿色，要尽量使用中草药防病。连续投服药物，使鸡体内药物的浓度经常维持在一定水平，对大多数细菌性疾病和寄生虫病能起到预防作用。在生产实践中，放养鸡多发的疫病主要是鸡白痢、球虫病、大肠杆菌病和慢性呼吸道病等。

鸡白痢多发于15日龄以内的雏鸡，最早发生于3日龄。所以，预防药物应从2日龄起投服。一般一种药物连用5天后，改换另一种药物，再连用5天即可。常用药物敌菌净、磺胺类药物等。

球虫病多发于42日龄以内的鸡只，最早发生于10日龄，但球虫对药物易产生耐药性，在预防用药时必须几种药物交替使用，一般从

10日龄开始服药至42日龄，其间一种药物用5~7天后停2~3天，改用另一种药物。常用药物有氯苯胍、敌菌净等。

转群、预防接种和气候突变等，易使放养鸡感染大肠杆菌病或霉形体病，此时应在饲料中加药以预防，可投服0.25%土霉素，连用3~5天。新霉素等亦可。

（六）适时断喙和驱虫

土鸡有相互啄斗习性，20~30日龄为高峰，在雏鸡6~10日龄时进行断喙，减少饲料浪费和防止恶癖。

由于放牧接触虫卵机会多，易患寄生虫病，特别是要重视球虫病的防治。在育雏12~15日龄、放牧21~30日龄，选用2~3种抗球虫药，每种药连用3~5天，轮换投喂；60~70日龄可使用左旋咪唑或丙硫苯咪唑等广谱驱虫药或者国内最好的虫力黑来进行驱虫。在晚餐时把药片研成粉料，先用少量饲料拌匀，然后再与晚餐的全部饲料拌匀进行喂饲。次日早晨要检查鸡粪，看是否有虫体排出，要把鸡粪清除干净，以防鸡只啄食虫体。如发现鸡粪里有成虫，次日晚餐可以用同等药量驱虫1次，彻底将虫驱除。

（七）定期杀虫和灭鼠

老鼠偷吃饲料、惊扰鸡群，是传播疾病的媒介；苍蝇、蚊子是传播病原的媒介，所以每月要毒杀老鼠2~3次，要经常施药喷杀蚊子、苍蝇，以防疾病发生。

（八）合理及时防病治病

注意观察鸡群的生产状况，详细观察记录鸡群的采食、饮水、精神、粪便、呼吸、睡态等状况。通过观察记录分析，发现问题及时采取措施。

按鸡的不同日龄选择适宜饲养密度、温度、光照、通风等；鸡舍冬天要保温，防止贼风吹入，避免使鸡因体能大量消耗而多食饲料；夏季要防暑降温，防止热应激。

在林果树喷药防治病虫害时，应先驱赶鸡群到安全处避开。一般雨天可避开2~3天，晴天3~6天，以防鸡只食入喷过农药的树叶、青草等中毒。

当发现病鸡时，应及时进行隔离和治疗，并对受危害及威胁的鸡群及时投服预防药物。药物要选择高效、无毒、无残留，并选择正规渠道、信誉好的药店购买正规厂家的兽药；一种药能防治，不能乱用多种，防止配伍不当，既浪费药费，又影响防治效果。

对来势猛、危害大的疫病，及时向畜牧部门汇报，并送检病料查明病原。根据疫病的发展情况，对受威胁而又未发病的其他鸡群采用有效的疫苗，进行紧急接种防疫。

（九）实行"全进全出"饲养制度

实行"全进全出"饲养制度，可使鸡舍每年都有一段空闲时间。此时可集中进行全场的彻底清理和消毒。这对控制那些在鸡体外不能长期存活的病原体是最有效的办法。对放养面积大的鸡场，可采用轮牧的放养制度，使放养场地也在鸡出售后得到清理和消毒。

四、土鸡疾病的治疗原则

为体现散养鸡的口味、营养、绿色、保健的特色，让消费者要吃得健康，吃得安全。在散养鸡的常见疾病治疗过程中要以祖国传统的中药为主，少用或不用西药。原则如下。

① 以中药治疗预防为主，西药为辅。

② 以有益微生物治疗预防为主，以补给维生素、氨基酸为辅。

③ 以生物技术治疗预防为主，补给免疫增强剂提高机体抵抗力为辅。

④ 以淘汰有症状病鸡无害化处理，减少环境污染，加强消毒为原则。

⑤ 合理使用药物，能不用药时坚决不用药，能少用药时就少用药；严格遵守停药期规定，严禁使用违禁药。

第二节 土鸡常见病的防治

一、病毒性疾病

(一) 禽流感

禽流感也叫真性鸡瘟（欧洲鸡瘟），是由甲型流感病毒引起的一种最严重的病毒性传染病之一，被感染的鸡发病率和死亡率都非常高，往往造成养殖失败。禽流感的血清型多种多样，但根据致病性分为高致病性和低致病性两种。高致病性禽流感，一般能引起高致病性的血清型为 H5 和 H7 亚型。该病的传染途径是消化道、呼吸道、损伤的皮肤、眼结膜等。该病可以通过其他禽类、鸟类传播，应该引起广大养殖户的注意。

1. 症状和病理变化

本病感染鸡群往往暴发突然，潜伏期一般是 2~5 天。流行初期急性病例往往没有任何症状突然死亡，随后病例表现为体温升高，精神沉郁，被毛松乱，头翅下垂，鸡冠和肉髯发黑、肿胀，常伴有咳嗽、喷嚏等不同程度的呼吸道症状。病鸡采食量和饮水量减少，有的病鸡下痢，排黄褐色稀粪。产蛋期的鸡患病时，产蛋率明显下降，后期很难恢复。

特征性的病变是腺胃和腹部脂肪出血，肝、脾、肺等脏器常有灰黄色小坏死灶。产蛋期的鸡以侵害生殖系统为主，并伴有不同程度的全身皮肤和内脏器官的充血、出血、坏死等变化。常引起输卵管充血或出血，管壁肿胀，有纤维素性渗出物，卵泡充血或出血变性。育雏育成期的病例主要是内脏器官有针尖样出血点，器官黏膜出血。主要是腺胃黏膜、腺胃和肌胃交界处出血，十二指肠、盲肠扁桃体出血。

2. 诊断

该病可以通过临床症状和病理变化进行初步诊断，进一步诊断需要经过分离、鉴定和血清学试验。

3. 防控

加强监测，一旦发现可疑病鸡，就应及时采取封锁、隔离、消毒和严格处理病禽、死禽等措施。当出现高致病性禽流感病毒感染时，要划定疫区，严格封锁和隔离，焚毁病死禽，对疫区内可能受到高致病性流感病毒污染的场所进行彻底消毒等，以防疫情扩散，将损失控制在最小范围内。

接种疫苗是预防禽流感的根本措施。现在生产的疫苗有 H9N2 亚型疫苗、禽流感 H5+H9 二价灭活疫苗、重组禽流感病毒灭活疫苗 H5N1 亚型 Re-1 株、Re-4 株等。

目前使用的低致病性禽流感疫苗是 H9N2 亚型疫苗，从多年的使用效果来看，产生抗体滴度高，维持时间长，有效抗体水平可以维持 5~6 个月，保护效果良好。特别需要提醒的是，H9 亚型禽流感的流行在国内已有 10 多年的历史，现已成全国分布，不免疫鸡群发病是必然的。

免疫程序：20~30 日龄首免，产蛋前二免，以后根据抗体检测结果决定免疫时间。无抗体检测条件的可 4~5 个月免疫一次。

对于低致病性禽流感，确诊后用疫苗紧急免疫接种，一般在接种后 2~3 周可以控制疾病流行，同时使用抗生素控制继发感染。

（二）新城疫

新城疫俗称"鸡瘟"，是由新城疫病毒引起的一种急性高度接触性传染病，是养鸡必须预防的疾病之一。全年均可发生，以春秋居多。

1. 临床症状

潜伏期一般为 3~15 天，或者更长，根据临诊表现和病程长短可以分为最急性、急性、慢性。

最急性型：常突然发病，往往看见很正常的鸡群，突然发现死亡，没有任何特殊的征兆。多见于流行初期和雏鸡。

急性型：表现为呼吸道、消化道、神经系统异常。常表现为体温升高，采食减少，饮水增加。羽毛松乱、垂头缩颈，精神不振，状似昏睡，鸡冠和肉髯颜色逐渐变暗。病鸡呼吸困难，咳嗽、流鼻涕，常发出"咯咯"的喘鸣声或者怪叫。嗉囊积液，倒提鸡时常从口角流出大量酸臭的暗色液体。下痢，呈黄绿色或黄白色，有时混有少量血液，后期排出蛋清样排泄物。部分病例常出现神经性的症状，表现为翅、腿麻痹，不容易站立。育雏期的雏鸡往往不表现明显症状，但死亡率却非常高。成年产蛋鸡产软壳蛋或者产蛋下降可达 15%～35%。

慢性型：也叫亚急性型，初期症状与急性型相似，但随后减轻。耐过的鸡常表现出神经症状，如翅膀麻痹、跛行，常原地转圈，或者头颈向一侧扭转。还有一些鸡貌似健康，一旦遇到刺激源，比如惊吓、抢食、雷雨、噪声等，则出现头颈弯曲，全身抽搐，出现瘫痪或者半瘫痪，预后不良。但病死率比较低。含有母源抗体的雏鸡群或者母源抗体水平较高的雏鸡群，当有新城疫病毒侵入时仍可以发生新城疫，但发病率较低。

2. 病理变化

根据临床表现可以分为典型性新城疫和非典型性新城疫。

典型性新城疫可见全身性败血症，全身黏膜、浆膜出血，以消化道、呼吸道最为明显。特征病变：腺胃乳头肿胀或者溃疡，乳头间有明显的出血点，尤其在食管与腺胃交界处最为明显；十二指肠、小肠黏膜出血或者溃疡，有时可见到"枣核状溃疡灶"；盲肠扁桃体肿胀、出血、溃疡。气管出血或者坏死，周围组织发生水肿，有浆液性或者卡他性渗出物。产蛋鸡常发生卵黄性腹膜炎。

非典型性新城疫一般无典型的临床症状和病理剖检变化，育成鸡多以呼吸道和消化道症状为主，表现为呼吸困难、咳嗽、打喷嚏，精神不振，采食量减少，排黄绿色或黄白色稀便，呈零星性死亡；成年产蛋鸡主要表现为产蛋下降和不同程度的呼吸道症状。剖检可见喉头和气管内有黏液，黏膜轻微的出血，直肠和泄殖腔黏膜轻微充血、出血，腺胃黏膜浑浊，乳头间偶有出血点，小肠有零星出血点，盲肠扁桃体红肿，卵泡充血、出血。

3. 诊断

可根据典型症状和病变做出初步诊断，进一步确诊需要实验室的诊断。可以进行血清学实验。

4. 防治

目前本病尚无有效的治疗办法，预防本病的发生是一切防疫工作的重点，常采取如下措施。

（1）杜绝病原侵入鸡群　建立健全严格的卫生防疫制度，防止一切带毒动物和污染物进入鸡场，不从疫区定购鸡苗，新购的鸡须接种新城疫疫苗隔离观察，证明健康者才可以合群。

（2）制定合理的免疫程序　有计划地对健康鸡群进行免疫接种，适时预防接种。免疫程序最好按实际测定的抗体水平来确定。

① 免疫方法之一：首免，5日龄，新肾支苗滴鼻、点眼或饮水；二免，22日龄，新城疫克隆30或Ⅳ系苗滴鼻、点眼或饮水；三免，60日龄，新城疫Ⅰ系苗，肌内注射。

② 免疫方法之二：首免，5日龄，新肾支苗滴鼻、点眼或饮水；二免，22日龄，新城疫克隆30或Ⅳ系苗滴鼻、点眼或饮水；三免，60日龄，新城疫Ⅰ系苗，肌内注射；110~120日龄，肌内注射新肾减三联油苗。

（3）定期消毒和严格检疫　鸡场、鸡舍和饲养用具要定期消毒；保持饲料、饮水清洁；新购进的鸡不可立即与原来的鸡合群饲养，要单独喂养半月以上，确认无病并接种疫苗后才能合群饲养。

（4）发生本病时的紧急处置　鸡群一旦发生了鸡新城疫，对病鸡应隔离淘汰，死鸡应深埋或焚烧。对尚未发病的鸡应紧急接种疫苗，以Ⅱ系苗或Ⅳ系苗为好，通常接种1周后就不再发生新的病鸡，说明疫病被控制住了。

中药预防可试用：黄芪、大青叶、板蓝根、绞股蓝、神曲各1.5份，黄连、甘草各1份，粉碎过筛后制成中草药散剂，按1%剂量添加到放养鸡的补充日粮中，让鸡自由采食，可有效保护放养土鸡不得新城疫。

（三）传染性法氏囊

鸡传染性法氏囊病，是由鸡传染性法氏囊病病毒引起雏鸡的一种急性、高度接触性传染病。本病主要感染2~16周龄鸡，3~6周龄时最易感，一年四季都能发生，但以5—7月份发病较多。目前，本病是危害我国养鸡业最严重的传染病之一。

1. 临床症状

本病潜伏期短，感染后2~3天就出现症状。早期为厌食、呆立、畏寒战栗，精神不振，缩头乍毛等。随后病鸡排白色或黄白色水样便，肛门周围羽毛被粪便污染。病鸡扎堆，严重者垂头缩颈，对外界刺激反应迟钝，发病 1~2 天内死亡，死亡率直线上升，5~7 天达到死亡高峰，随后死亡下降。病鸡耐过后出现贫血、消瘦、生长缓慢、饲料利用率低。当本病与支原体病等合并感染时，病鸡不仅病情加重，死亡率高，而且病程加长，伴有明显的呼吸道症状。病鸡常继发感染鸡新城疫、大肠杆菌病、球虫病等。

2. 病理变化

本病的特征变化是腿部和胸部肌肉常有斑点状或者条纹状出血，胸肌颜色发暗。在腺胃和肌胃的交界处有针尖样出血点或者出血斑。盲肠扁桃体出血、肿大。法氏囊浆膜呈胶冻样肿胀，有的法氏囊可肿大 2~3 倍，大多可见点状出血或出血斑，严重者法氏囊内充满血块，外观呈紫葡萄状。病程长的法氏囊萎缩，呈灰黑色，有的法氏囊内有干酪样坏死物。肝脏有时肿大，表明可见出血点，质脆，发黄。肾肿大，呈斑纹状。输尿管中有尿酸盐沉积。

3. 诊断

根据流行病学特点、特征症状和病变可对本病做出初步诊断。确诊或对亚临床型感染病例时则需要进行实验室诊断。

4. 防治

该病目前无特效治疗药物，免疫接种和综合防治措施是控制该病的主要方法。还有一些有效的辅助治疗。

（1）免疫接种　在定购鸡苗的时候要选择母源抗体高的鸡场，进鸡后采用琼扩法测定雏鸡的母源抗体，根据母源抗体水平确定雏鸡的首免时间。没有条件检测的鸡场，一般可采用 10~14 天首免，18~22 天进行二免。所用的疫苗为中等毒力疫苗。另外，本病虽然没有特效药物，但在发病早期可以采用传染性法氏囊炎高免血清或高免蛋黄液进行注射治疗，有较好的治疗效果。如果混合细菌感染要使用抗生素进行治疗。

（2）中药治疗

方 1：黄芪 30 克，黄连、生地、大青叶、白头翁、白术各 150 克，甘草 80 克，供 500 羽鸡，每日 1 剂，每剂水煎 2 次，取汁加 5% 白糖饮水服用，连服 2~3 剂。

方2：生地、白头翁各4克，金银花、蒲公英、丹参、茅根各3克，水煎2次，取汁加适量糖，供10羽鸡饮用，每日1剂，连用3日。

方3：蒲公英200克、大青叶200克、板蓝根200克、双花100克、黄芩100克、黄柏100克、甘草100克、藿香50克、生石膏50克。水煎2次，合并药汁得3 000~5 000毫升，为300~500羽鸡1天用量，每日1剂，每鸡每天5~10毫升，分4次灌服。连用3~4天。

方4：金银花100克、板蓝根50克、黄柏50克、大青叶40克、黄芩20克、白芍20克、藿香15克、地榆15克、大黄15克、甘草15克，水煎，供鸡自由饮用，连用2~3天。

方5：板蓝根10克、连翘10克、黄芩10克、生地10克、泽泻8克、海金沙8克、诃子5克、甘草5克，共研细末，拌匀，每只鸡按0.5~1克拌料，连用3~5天。

（3）综合防治　实行全进全出制度，加强饲养管理，提高环境控制措施，给鸡群提供一个良好的环境，避免发生其他应激，如噪声、陌生动物闯入等。可以饲喂微生态制剂，调节肠胃功能，增强机体免疫力。

（四）传染性支气管炎

传染性支气管炎是鸡的一种急性、高度接触性的呼吸道疾病。以咳嗽，喷嚏，雏鸡流鼻液，产蛋鸡产蛋量减少，呼吸道黏膜呈浆液性、卡他性炎症为特征。

1. 流行病学

本病仅发生于鸡，其他家禽均不感染。各种年龄的鸡都可发病，但雏鸡最为严重，死亡率也高，一般以40日龄以内的鸡多发。本病主要经呼吸道传染，病毒从呼吸道排毒，通过空气的飞沫传给易感鸡。也可通过被污染的饲料、饮水及饲养用具经消化道感染。本病一年四季均能发生，但以冬春季节多发。鸡群拥挤、过热、过冷、通风不良、温度过低、缺乏维生素和矿物质，以及饲料供应不足或配合不当，均可促使本病的发生。

2. 临床症状

潜伏期1~7天，平均3天。由于病毒的血清型不同，鸡感染后出现不同的症状。

呼吸型：病鸡无明显的前驱症状，常突然发病，出现呼吸道症状，并迅速波及全群。幼雏表现为伸颈、张口呼吸、咳嗽，有"咕噜"音，尤以夜间最清楚。随着病情的发展，全身症状加剧，病鸡精神萎靡、食欲废绝、羽毛松乱、翅下垂、昏睡、怕冷，常拥挤在一起。两周龄以内的病雏鸡，还常见鼻窦肿胀、流黏性鼻液、流泪等症状，病鸡常甩头。产蛋鸡感染后产蛋量下降 25%～50%，同时产软壳蛋、畸形蛋或砂壳蛋。

肾型：感染肾型支气管炎病毒后其典型症状分 3 个阶段。第 1 阶段是病鸡表现轻微呼吸道症状，鸡被感染后 24～48 小时开始气管发出啰音，打喷嚏及咳嗽，并持续 1～4 天，这些呼吸道症状一般很轻微，有时只有在晚上安静的时候才听得比较清楚，因此常被忽视。第 2 阶段是病鸡表面康复，呼吸道症状消失，鸡群没有可见的异常表现。第 3 阶段是受感染鸡群突然发病，并于 2～3 天内逐渐加剧。病鸡挤堆、厌食，排白色稀便，粪便中几乎全是尿酸盐。

腺胃型：近几年来有关腺胃型传支的报道逐渐增多，其主要表现为病鸡流泪、眼肿、极度消瘦、腹泻和死亡，并伴有呼吸道症状，发病率可达 100%，死亡率 3%～5%。

3. 病理变化

呼吸型：主要病变见于气管、支气管、鼻腔、肺等呼吸器官。表现为气管环出血，管腔中有黄色或黑黄色栓塞物。幼雏鼻腔、鼻窦黏膜充血，鼻腔中有黏稠分泌物，肺脏水肿或出血。患鸡输卵管发育受阻，变细、变短或成囊状。产蛋鸡的卵泡变形，甚至破裂。

肾型：肾型传染性支气管炎时，可引起肾脏肿大，呈苍白色，肾小管充满尿酸盐结晶，扩张，外形呈白线网状，俗称"花斑肾"。严重的病例在心包和腹腔脏器表面均可见白色的尿酸盐沉着。有时还可见法氏囊黏膜充血、出血，囊腔内积有黄色胶冻状物；肠黏膜呈卡他性炎变化，全身皮肤和肌肉发绀，肌肉失水。

腺胃型：腺胃肿大如球状，腺胃壁增厚，黏膜出血、溃疡，胰腺肿大，出血。

4. 诊断

根据流行特点、症状和病理变化，可作出初步诊断。进一步确诊则有赖于病毒分离与鉴定及其他实验室诊断方法。

5. 防治

（1）加强饲养管理　降低饲养密度，避免鸡群拥挤，注意温度、湿度变化，避免过冷、过热。加强通风，防止有害气体刺激呼吸道。合理配比饲料，防止维生素，尤其是维生素 A 的缺乏，以增强机体的抵抗力。

（2）适时接种疫苗　对呼吸型传染性支气管炎，首免可在 7～10 日龄用传染性支气管炎 H120 弱毒疫苗点眼或滴鼻；二免可于 30 日龄用传染性支气管炎 H52 弱毒疫苗点眼或滴鼻；开产前用传染性支气管炎灭活油乳疫苗肌内注射每只 0.5 毫升。对肾型传染性支气管炎，可于 4～5 日龄和 20～30 日龄用肾型传染性支气管炎弱毒苗进行免疫接种，或用灭活油乳疫苗于 7～9 日龄颈部皮下注射。而对传染性支气管炎病毒变异株，可于 20～30 日龄、100～120 日龄接种 4/91 弱毒疫苗或皮下及肌内注射灭活油乳疫苗。

本病目前尚无特异性治疗方法，改善饲养管理条件，降低鸡群密度，饲料或饮水中添加抗生素对防止继发感染，具有一定的作用。对肾型传染性气管炎，发病后应降低饲料中蛋白的含量，并注意补充 K^+ 和 Na^+，具有一定的治疗作用。

发病鸡使用双黄连口服液清热解毒，每 500 克兑水 250 千克，连用 3 天。

呼吸型传支可用麻杏石甘汤（麻黄 6 克、杏仁 18 克、石膏 18 克，炙甘草 18 克。此为 100 只鸡的用量。也可适当加板蓝根、金银花、连翘、黄芩、金钱草等）按 0.5～1 克/千克体重煎服，一服 1 剂，分早晚各 1 次，加少量水饮用，连用 3～5 天。

对腺胃型传支可用玉女煎（生石膏 9 克、熟地 9 克、麦冬 6 克、知母 5 克、牛膝 5 克。此为 100 只鸡的用量。也可适当加黄连、栀子、白茅根等），按 0.5～1 克/千克体重煎服，一服 1 剂，分早晚各 1 次，加少量水饮用，连用 3～5 天。

对肾型传支的病鸡，每 1 000 只鸡用紫菀、细辛、大腹皮、龙胆草、甘草各 20 克，茯苓、车前子、五味子、泽泻各 40 克，大枣 30克，水煎取药液分早晚 2 次饮用，药渣拌料，连用 4 天即愈。

（五）传染性喉气管炎

传染性喉气管炎是一种由传染性喉气管炎病毒引起的以呼吸道症状为主的急性传染病。其特征为呼吸困难、气喘、咳出含有血液的渗出物。传播快，死亡率较高。

1. 临床症状

本病的潜伏期为 5~13 天。病鸡采食量减少，迅速消瘦，其主要特征表现为呼吸道症状，呼吸时发出湿性啰音，咳嗽，有喘鸣音，病鸡吸气时头和颈部向前向上，张口尽力吸气。严重的病鸡，高度呼吸困难，可咳出带血的黏液。如果分泌物不能咳出，病鸡可能窒息死亡。产蛋鸡发病时产蛋量急剧下降或停止，康复后 1~2 个月才能恢复。根据发病表现可分为以下两种。

（1）喉气管型　是高致病性病毒株引起的，病鸡咳嗽，表现痛苦，身体随呼吸呈波浪式起伏，抬头伸颈，并发出响亮的喘鸣声。病鸡摇头时，咳出血痰，常见血痰附着于鸡笼上。将鸡的喉头用手上顶，令鸡张口，可见喉头出血，并伴有泡沫状液体。若喉头被血液凝块堵塞，则病鸡会窒息死亡，死鸡一般体况较好，死亡时多呈仰卧姿势。

（2）结膜型　是低致病性病毒株引起的，主要表现为眼结膜炎或者鼻炎，眼结膜红肿，并伴有流泪、流鼻涕。若伴有支原体混合感染，则眶下窦肿胀，甚至导致失明。产蛋鸡表现为产蛋率下降，砂壳蛋、软壳蛋增多。

2. 病理变化

本病比较缓和的病例，仅见结膜和窦内上皮的水肿及充血。急性典型病变在气管和喉部，初期黏膜充血、肿胀，进而变性、出血和坏死；气管含有血凝块或血黏液，气管管腔变窄，偶有黄白色纤维素性干酪样假膜。严重时支气管、肺和气囊等部发炎，甚至上行至鼻腔和眶下窦。

3. 诊断

根据典型的病变和特征性症状，即可作出初步诊断。在症状不典

型时，应注意与新城疫、传染性支气管炎、慢性呼吸道病、维生素 A
缺乏症进行区别。可进行实验室诊断。如鸡胚接种，取病鸡的喉头、
气管黏膜和分泌物，经无菌处理后，接种 10~12 天龄鸡胚尿囊膜上，
接种后 4~5 天鸡胚死亡，见绒毛尿囊膜增厚，有灰白色坏死斑。

4. 预防

目前本病尚无特效治疗药物，坚持执行严格的卫生防疫措施是防
止本病流行的有效方法。

（1）不接触来历不明的鸡　带毒鸡是本病的主要传染源之一，
新购进的鸡必须用少量的易感鸡与其做接触感染试验，隔离观察两
周，易感鸡不发病，证明不带毒，此时方可合群。

（2）不随便使用疫苗　没有本病流行的地区最好不用弱毒疫苗
免疫，更不能用自然强毒接种，因为弱毒疫苗可能会造成病毒的终生
潜伏，偶尔活化和散毒，不仅可使本病疫源长期存在，还可能散布其
他疫病。

（3）在本病流行的地区可接种疫苗　目前使用的疫苗有两种，
一种是弱毒苗，接种途径是点眼，但可引起轻度的结膜炎且可导致暂
时的盲眼，如有继发感染，甚至可引起 1%~2% 的死亡。故有人用滴
鼻和肌注法，但效果不如点眼好。另一种为强毒疫苗，只能作擦肛
用，绝不能将疫苗接种到眼、鼻、口等部位，否则会引起疾病的暴
发。擦肛后 3~4 天，泄殖腔会出现红肿反应，此时就能抵抗病毒的
攻击。强毒疫苗免疫效果确实，但未确诊有此病的鸡场、地区不能
用。一般首免可在 4~5 周龄时进行，12~14 周龄时再接种 1 次。

5. 治疗

一旦周围鸡场发生鸡传染性喉气管炎，应迅速涂肛或点眼接种鸡
传染性喉气管炎疫苗，5 天后即可产生免疫力。有的鸡在免疫后会发
生结膜炎，可以在免疫的同时饮用链霉素、红霉素，以防继发感染。
另外，也可添加 50 毫克/千克硫酸铵，以促进气管中浓痰排出，减少
气管阻塞造成的窒息死亡。同时严格隔离，清除病鸡，洗刷病鸡舍中
的痰和鼻液，进行彻底消毒。

中药治疗可参考以下处方。

方1：中药喉症丸或六神丸对治疗喉气管炎效果比较好。每天 1

次，每天 2~3 粒/只，连用 3~5 天。

方 2：每 100 只成鸡用麻黄、知母、贝母、黄连各 30 克，桔梗、陈皮各 25 克，紫苏、杏仁、百部、薄荷、桂枝各 20 克，甘草 15 克。水煎，自由饮水，每天 1 剂，连用 3 剂。

方 3：每 100 只成年鸡用大青叶、蒲公英各 500 克，黄芩、甘草各 30 克，混合加适量水煎煮 3 次，加水至 60 千克，水煎，自由饮水，每天 1 剂，连用 5 剂。

（六）马立克氏病

鸡马立克氏病是由疱疹病毒引起的鸡的恶性肿瘤病（癌），感染本病的鸡大部分终生带毒。本病一般经呼吸道传播，由于带毒鸡脱落的羽毛、皮屑均可带毒，所以一旦发生本病将较难在鸡场彻底清除。本病的发生与鸡的品质、年龄有关，一般土鸡品种比较易感，幼龄鸡（2 月内）多发，特别是对刚出壳的雏鸡有明显的致病力。

1. 临床症状

本病潜伏期较长，一般 1 日龄感染，2~3 周后才开始排毒，3~4 周后，可见眼观病变。分为以下 4 种类型。

（1）神经型 主要侵害外周神经，特征症状是单肢或双肢出现麻痹或瘫痪，出现一腿向前一腿向后，俗称"大劈叉"。剖检可见神经肿胀、变粗，一般检查坐骨神经，可见神经纤维横纹消失，呈黄白或灰白色。

（2）内脏型 主要表现为精神不振，采食减少，病程短的可突然死亡。剖检可见内脏器官出现灰白色质地坚硬而致密的肿瘤块。多发于性腺、肾、肝、脾等器官。

（3）眼型 病鸡单眼或者双眼出现视力减退或失明，虹膜的正常色素消失，严重阶段整个瞳孔只留下针尖大的小孔。

（4）皮肤型 病鸡皮肤毛囊出现小结节或者肿瘤为特征，常遍及皮肤。

2. 诊断

神经型的可根据症状和病变进行确诊，内脏型的要与淋巴性白血病进行区别。进一步确诊需要进行琼脂扩散试验等血清学方法。

3. 防治

本病尚无特效治疗药物。加强孵化室的卫生消毒工作，种蛋、孵化箱要进行熏蒸消毒。育雏前期要进行隔离饲养，防止马立克氏病毒的早期感染。雏鸡出壳 24 小时内必须注射马立克氏疫苗，选用组织苗，注射时严格按照操作说明进行。个别污染严重的鸡场，可在出壳 3 周内用马立克氏冻干苗进行二免。

法氏囊病、贫血因子病、网状内皮增生症、沙门氏菌病、球虫病及各种应激因素均可使鸡对马立克氏病的免疫保护力下降，导致马立克氏病的免疫失败。在饲养过程中要注意对这些疾病的防治，同时尽量避免各种应激反应。需长途运输的雏鸡，到达目的地时，可补种 1 次马立克氏疫苗。

多年来，人们思想上普遍认为本地土鸡抗病力强，不用接种马立克疫苗。然而，调查中发现，马立克氏病毒对本地土鸡同样造成巨大损失，因此，各放养鸡户千万不要抱有任何侥幸心理或仅顾眼前利益少花些钱而不接种马立克疫苗，以免造成不必要的经济损失。

中药对神经型和皮肤型马立克氏病的治疗，效果较好。

方 1：神经型马立克氏病。每 100 只病鸡用黄柏 20 克、乌头 10 克、黄连 20 克、金银花 15 克、草乌 10 克、黄芩 20 克、大黄 30 克、木通 20 克、甲珠 20 克、骨碎补 15 克、鸡血藤 20 克、三棱 15 克、莪术 15 克、铁马鞭 20 克。水煎 2 次，混合后让病鸡自由饮用。

方 2：皮肤型马立克氏病。每 100 只病鸡每天用红花 20 克、桃仁 15 克、黄柏 20 克、乌头 10 克、黄连 20 克、金银花 15 克、草乌 10 克、黄芩 20 克、大黄 30 克、牛子 20 克、三棱 15 克、莪术 15 克、铁马鞭 20 克。水煎 2 次，混合后让病鸡自由饮用。

（七）鸡痘

鸡痘又叫"白喉"，是由禽痘病毒引起的一种接触性传染病。本病主要是由于与病鸡发生直接接触而感染，也可因为接触污染的饮水、饲料、器具等发生感染，特别要注意鸽子等飞鸟传播本病。本病各种鸡都易感，但雏鸡更敏感，不过一旦感染康复将终生获得免疫力。本病多发于秋冬或早春。

1. 临床症状

本病潜伏期为 4~8 天，病程 3~4 周。通常分为以下几种类型。

（1）黏膜型　也称"白喉"，病鸡出现明显的呼吸困难，可在口腔或咽喉部黏膜表面发现黄白色稍微突起的小结节，很快发展为一层黄白色干酪样假膜，撕去后将出现红色的出血性溃疡面。

（2）皮肤型　一般在鸡冠和肉髯上有红色突起的圆斑，继而变为上皮瘤，灰黄色，瘤上有痂皮覆盖，如果连续发生可出现一大片痂皮。还可见在眼、腿、翅内侧等处发生。

（3）混合型　皮肤和黏膜都发生。

（4）败血型　很少发生，病鸡下痢、消瘦，而衰竭死亡。

2. 诊断与防治

根据发病情况以及症状和病变基本可以诊断。目前尚无特效治疗药物，主要采取对症疗法。皮肤型禽痘可以在患病处涂碘酒，白喉型可用镊子夹去，厚的可用 2% 的硼酸进行洗净，眼部发生的可以用眼药水滴眼。除局部治疗外，还可以选市售的中药方剂进行预防和治疗。

预防的有效措施是进行预防接种，可选用市售的疫苗进行接种，一般是鸡痘鹌鹑化弱毒疫苗，一般在 25~28 日龄首免，60~65 日龄二免。可根据当地流行情况适当增减。

中药治法如下。

方 1：板蓝根 30 克，山栀子 20 克，黄芩 20 克，黄柏、麦冬各 30 克，金银花 20 克，连翘 20 克，知母 10 克，龙胆草 20 克，防风 20 克，甘草 10 克。水煎供 1 000 只鸡自由饮用。

方 2：紫草 100 克，明矾 100 克，龙胆草 50 克，水煎可供 100 只成年鸡 1 日服用，连用 3 天。

方 3：雄黄、硫黄、冰片等量研粉末混合，加碘甘油适量，剥去痘痂涂敷。每只鸡约 500 毫克一次用。

方 4：鱼腥草粉碎拌料，每只成年鸡 1 日用 1 克，连用 5 天。

方 5：黄芪 60 克，党参 60 克，肉桂 20 克，槟榔 60 克，贯众 60 克，何首乌 60 克，山楂 60 克，粉碎过筛或水煎取汁，为 100 只鸡自由饮用。

二、细菌性疾病

（一）鸡大肠杆菌病

大肠杆菌病是由大肠杆菌埃希氏菌的某些致病性血清型菌株引起的鸡的局部性或全身性感染性疾病。包括大肠杆菌性败血症、腹膜炎、滑膜炎、脐炎、心包炎、输卵管炎等等。大肠杆菌属于鸡肠道内的常在菌群，是一种条件性致病菌。在管理不善或者发生应激时容易引起此病。大肠杆菌的抵抗力中等，各菌株间可能有差异。常用消毒药在数分钟内即可杀死本菌。在寒冷而干燥的环境中存活较久。各地分离的大肠杆菌菌株对抗药物的敏感性差异较大，且易产生耐药性。本病传播途径经口、消化道或者经蛋传播。

1. 临床症状与病变

（1）败血症　雏鸡较易发生，主要表现为精神不振，采食下降，严重的死亡率可达50%。剖检可见：心包炎，心肌有结节性肉芽肿，有干酪样渗出；肝周炎，肝肿大、坏死；气囊炎，气囊浑浊、增厚；输卵管炎症。成年鸡发生肿头综合征，产蛋下降，常伴有腹膜炎、眼炎。

（2）出血性肠炎　正常情况下，本病菌一般寄生在肠道的后段，但当发生应激或者管理不善等因素，病菌就会在肠前段引起疾病。剖检可见前段肠黏膜出血、增厚。

（3）其他炎症　大肠杆菌根据侵害部位不同，表现炎症也不同，还可引起病鸡跛行或呈伏卧为滑膜炎和关节炎，剖检可见一个或多个腱鞘、关节发生肿大；大肠杆菌还可引起全眼球炎、脑炎。种蛋内的大肠杆菌可引起雏鸡的脐带炎，在鸡2~4日龄就开始死亡，死亡鸡只脐部肿大、发炎，卵黄膜内有干酪样渗出物。

2. 诊断与预防

根据临床症状和病变可以初步诊断，确诊需要进行细菌分离、致病性实验和血清学鉴定。预防主要注意以下工作。

（1）坚持科学的饲养管理　对鸡舍的温度、湿度、密度、光照等要做好环境控制，防止鸡舍忽冷忽热，定时清粪，降低舍内氨气含量，做好卫生消毒工作，做好鸡舍通风。采用自动饮水器，并定期进行清洗。

（2）消除诱发因素　当鸡发生其他疾病，如慢性呼吸道病、呼吸道的病毒病、免疫抑制病等，容易引起鸡群抵抗力降低，引起大肠杆菌病。

（3）疫苗预防　大肠杆菌血清型各种各样，经常变异，并缺乏交叉保护。当发生大肠杆菌病时建议接种当地菌株做的疫苗。

（4）定期投喂微生态制剂　目前市场上微生态制剂的种类很多，效果也较明显，比如可以使用益生菌，帮助维持肠道内的平衡，使病原菌不能与肠壁受体结合。

3. 治疗

广谱的抗生素对本病有较好的疗效，但是经常使用一种抗生素大肠杆菌容易产生耐药性，会降低治疗效果。必须进行药敏试验，筛选最佳治疗药物。在抗生素的使用过程中，要注意不使用国家规定的禁用药，对可以使用的药物也要注意控制剂量，减量化使用，直至不用。

（二）鸡沙门氏菌病

鸡沙门氏菌病是由沙门氏菌引起的疾病的总称，临床上表现为败血症和肠炎，是一种人禽共患病，包括鸡白痢、禽伤寒、副伤寒。本属细菌对化学消毒剂的抵抗力不强，常用消毒剂就能达到消毒的目的，如2%的来苏儿。病菌对干燥、日光等因素具有抵抗力，在外界条件下可以数周或数月存活。3周龄内的鸡比较易感，该菌对多种抗菌药物敏感，但由于长期滥用抗生素，对常用抗生素耐药现象普遍，不仅影响该病防制效果，而且亦成为公共卫生关注的问题。患病鸡和带菌鸡是本病的主要传染源。病原随粪便、羽毛的皮屑、污染水源和饲料等传播，主要经消化道感染，也可经呼吸道和眼结膜感染。本病一年四季都可以发生，育雏期多见。

1. 鸡白痢

鸡白痢是由鸡白痢沙门氏菌所引起的鸡的一种严重的传染病。各种品种的鸡对本病均有易感性，以2~3周的雏鸡更为易感，成年鸡感染呈慢性或隐性经过，近年来，育成阶段的鸡发病也日趋普遍。新发生本病的鸡场，发病率和病死率都比一向存在本病的鸡场高。

（1）临床症状 病菌的潜伏期为 4~5 天。

雏鸡：一般本病呈急性经过，雏鸡多在孵出后 4~6 天出现明显临诊症状，7~10 天后雏鸡群内病雏逐渐增多，在 14~21 天达到高峰。发病雏鸡呈最急性者，无临诊症状迅速死亡。稍缓者表现精神不振，绒毛松乱，缩颈闭眼，两翼下垂，昏睡，不愿走动，拥挤在一起。病初食欲减少，同时腹泻，排稀薄白色如糨糊状粪便，肛门周围绒毛被粪便污染，有的因粪便干结封住肛门，影响排粪。由于肛门周围炎症引起疼痛，故常发生尖锐叫声，最后因呼吸困难及心力衰竭而死。有的病雏出现眼盲或肢关节肿胀，呈跛行临诊症状。20 日龄以上的雏鸡病程较长，且极少死亡。耐过鸡生长发育不良，成为慢性患者或带菌者。

成鸡：常无明显的临床症状，呈慢性或隐性经过，可见排黄色或者黄白色粪便，下蛋鸡可见产蛋下降。

（2）病理变化 急性死亡，则病理变化不明显，病程稍长特征病变是在心、肝、肺等内脏器官上可见坏死灶或者坏死结节，胆囊肿大。慢性感染的鸡可见卵变形、变色。青年鸡可见肝肿大，有散在或弥漫性的小红点或黄白色大小不一的坏死灶。

（3）诊断与防治 根据临床症状可以初步诊断，进一步诊断需要实验室诊断。国际上暂时没有指定的诊断方法，一般采用凝集试验和病原鉴定。

治疗本病可根据药敏试验选用有效的抗生素，并辅以对症治疗。预防本病应加强饲养管理，消除发病诱因，保持饲料和饮水的清洁、卫生。在曾经发病的鸡场，每年要定期做平板凝集试验全面检疫，淘汰阳性鸡及可疑鸡。根据本场（群）或当地分离的菌株，制成单价灭活苗，常能收到良好的预防效果。防治本病仍必须严格贯彻消毒、隔离、检疫、药物预防等一系列综合性防制措施。

中药白术 3 克、白芍 2 克、白头翁 1 克，磨碎 600 目以上过筛，混匀，在饲料中添加，每只鸡每天 0.05 克，连用 7 天。

2. 鸡伤寒

鸡伤寒是由鸡伤寒沙门氏菌引起的鸡的肠道败血性疾病。该病常由于饲养管理不善或者卫生条件差引起。常发生在 3 周龄以上的鸡。

该菌与鸡白痢相似。

（1）临床症状　潜伏期 4~5 天，3 周龄以上的鸡急性暴发时，表现为精神委顿，被毛松乱，采食量减少，饮水量增加，排浅绿色粪便，病鸡呈"企鹅"状站立。

（2）病理变化　急性病例无明显的肉眼病变，病程稍长的出现肝脾肿大，胆囊扩张，内脏器官有黄白色坏死灶或坏死结节。

（3）诊断与防治　一般确诊要取病死鸡内脏器官进行细菌培养，进行生化鉴定。采用血清学方法对鸡群进行阳性检测是预防本病的重要措施，其他方法如鸡白痢。

3. 副伤寒

禽副伤寒是由鸡白痢和鸡伤寒以外的其他沙门氏菌感染的一种传染病，由于该病沙门氏菌的类型比较多，不易控制。主要有鼠伤寒沙门氏菌和肠炎沙门氏菌。常在孵化后两周之内感染发病，6~10 天后达到最高峰。呈地方流行性，病死率从很低到 10%~20% 不等，严重者高达 80% 以上。

（1）临床症状　经带菌卵感染或出壳雏禽在孵化器感染病菌，常呈败血症经过，往往不出现任何临诊症状而迅速死亡。雏鸡和鸡白痢症状相似，年龄较大的幼禽则是亚急性经过，主要表现水泻样下痢，病程 1~4 天。1 月龄以上幼禽一般很少死亡。成年禽一般为慢性带菌者，常不出现临诊症状。有时出现水泻样下痢。

（2）病理变化　急性病例无明显症状，病程稍长可见肝脾充血，有条纹状出血或针尖状坏死，多数病鸡有出血性肠炎，肠内有干酪样坏死。成鸡侵害输卵管，卵泡异常，可发生腹膜炎。

（3）诊断与防治　采内脏器官进行分离培养鉴定。防治参考鸡白痢和禽伤寒。

（三）鸡巴氏杆菌病

禽巴氏杆菌病又叫禽霍乱，是由鸡多杀性巴氏杆菌引起的鸡的接触性疾病。该菌为革兰氏阴性菌，主要致病血清型为 A 型，对外界抵抗力不强，普通消毒药就有良好的灭菌效果，日光也有很强的灭菌效果。一般产蛋鸡群比较容易发生，经常由于应激因素的导致发病。慢性感染的鸡成为重要的污染源，可以通过呼吸道、消化道和眼结膜感染。粪便中很少含有该菌。

1. 临床症状

自然感染的潜伏期为 2~9 天。

（1）最急性型　常见于流行初期，以产蛋高的鸡最常见。病鸡无前驱症状，晚间一切正常，次日发病死在鸡舍内。

（2）急性型　此型最为常见，病鸡主要表现为精神沉郁、羽毛松乱、缩颈闭眼、头缩在翅下。病鸡体温升高，饮水增加，伴有腹泻，排出黄色、灰白色或绿色的稀粪。鸡冠和肉髯变青紫色，有的病鸡肉髯肿胀。病鸡口、鼻分泌物增加。产蛋鸡产蛋突然下降，下降40%~70%。

（3）慢性型　多见于流行后期，由急性不死转变而来。可引起慢性呼吸道炎、慢性肺炎和慢性胃肠炎。病鸡鼻孔有黏性分泌物流出，鼻窦肿大。病鸡腹泻，进行性消瘦，精神委顿，冠苍白。有些病鸡一侧或两侧肉髯显著肿大，随后可能有脓性干酪样物质；有的病鸡有关节炎，表现为关节肿大、脚趾麻痹，继而跛行。病程可拖至 1 个月以上，但生长发育和产蛋长期不能恢复。

2. 病理变化

最急性型，死鸡无明显病变；急性型特征病变是病鸡的腹膜、肠系膜、黏膜常见有小的出血点，肝肿大，变脆易碎，表面有许多白色针尖大的坏死点。肌胃和十二指肠出血，发生出血性肠炎。慢性型侵害呼吸道时，可见鼻腔内有黏液，肺硬化；侵害关节时，可见关节肿大、变形，有炎性渗出物或干酪样坏死。侵害卵巢，可见卵巢出血，卵泡变形。

3. 诊断与防治

根据临床症状特征病变可以初步诊断，确诊需要实验室诊断。预防本病，只要鸡场采取全进全出制度，严格执行鸡场卫生防疫制度，预防本病的发生是完全有可能的。

发生本病，可以经过药敏试验，选出该菌敏感的药物进行全群投药，一般可以取得良好的治疗效果。使用微生态制剂，对预防本病有一定的积极作用，一般不采用疫苗免疫。如果鸡场本病流行严重，可以取自己鸡场的病料，进行细菌培养，制作出自家鸡场的灭活苗，对鸡群进行注射可以取得满意的预防效果。

急性发病时，可用茵陈 100 克、半枝莲 100 克、白花蛇舌草 200 克、大青叶 100 克、藿香 50 克、当归 50 克、生地 150 克、车前子 50 克、赤芍 50 克、甘草 50 克，共为末拌料，该方为 100 羽鸡一次用量，每天 1 剂，连用 3～5 天。该方具有清热解毒、凉血保肝、利湿止痢的功能。

慢性发病时，可用茵陈、大黄、茯苓、白术、泽泻、车前子各 60 克、白花蛇舌草、半枝莲各 80 克、生地、生姜、半夏、桂枝、白芥子各 50 克、共为末，制成每袋 200 克的散剂，每 100 千克饲料放 5 袋中药，连续给药 3～4 天。也可用泽泻鲜品，每羽鸡每天 8 克、干品 2 克，煎汁拌料或研末拌料，连用 3～4 天。该方具有清热化湿、健脾保肝等功能。

土鸡产蛋期发病时，为不影响产蛋可用霍乱灵。其成分为：黄连 30 克、马齿苋 30 克、地榆 40 克、鱼腥草 40 克、山楂 20 克、蒲公英 20 克、穿心莲 20 克、甘草 10 克，制成每袋 200 克的散剂，每 100 千克饲料放 5 袋。用药连续不少于 5 天，预防量减半。也可用清瘟败毒散，成分为：生石膏 120 克、生地黄 30 克、水牛角 60 克、黄连 20 克、栀子 30 克、牡丹皮 30 克、连翘 30 克、桔梗 25 克、赤芍 25 克、玄参 25 克、知母 30 克、甘草 15 克、淡竹叶 25 克，制成每袋 340 克的散剂，每 100 千克饲料中放 2 袋中药，用药不少于 5 天，预防量减半。

（四）传染性鼻炎

鸡传染性鼻炎病是由鸡嗜血杆菌引起的以流鼻涕、鼻炎、脸肿为主要特征的急性呼吸道病。本菌可感染各年龄段的鸡，老鸡更易感。本菌的抵抗力较弱，对日光和消毒药都敏感，在 45℃时 6 分钟即可杀死该菌。病鸡和隐性带菌鸡是本病的重要传染源，可通过飞沫及尘埃经呼吸道感染，也可以通过污染的器具、饲料等经消化道感染。本病的发生一般是由于鸡的抵抗力降低而诱发的，主要原因有不同年龄段的鸡混群，通风不良，潮湿、寒冷、维生素缺乏、寄生虫侵袭等。

1. 临床症状

本病潜伏期为 1～3 天，传播迅速，可在很短的时间使全群都发病。本病的发病率虽高，但死亡率不高。本病初期仅表现为鼻腔流稀薄的清液，不容易引起注意。随后出现脸部肿胀、眼结膜肿胀、发炎，鼻清液转变为浆液黏性分泌物。饮水和采食都下降，有的下痢。病鸡常并发呼吸道炎症，主要表现为呼吸困难，伴有啰音，病鸡常摇头想要将呼吸道的黏液排出，严重的病鸡窒息死亡。

2. 病理变化

主要病变为鼻腔和鼻窦黏膜出现急性卡他性炎症，黏膜充血肿胀，窦腔内出现渗出物凝块及干酪样坏死物。脸部及肉髯出现水肿，严重的可见气管炎、气囊炎等。产蛋鸡有侵害卵巢的症状，卵泡变形、坏死，产蛋下降。

3. 诊断与防治

根据发病多死亡少的流行特点及症状可以初步诊断，进一步确诊需要采集病料进行实验室诊断。

本病菌对磺胺药非常敏感，磺胺药曾一度是治疗本病的首选药，但目前国家已规定磺胺类药物是产蛋期鸡的禁用药，不可使用。

临床用中药治疗，效果较好。方用葶苈子、辛夷、桔梗、甘草、生姜、半夏、黄芩各 80 克、猪苓、泽泻、诃子、防风、乌梅、益母草、白芷各 100 克，粉碎，均匀拌入饲料中。上述药方为 100 只鸡 3 天的药量，即 1 只鸡 4.2 克/天，持续应用 5 天。

三、寄生虫病

（一）球虫病

鸡球虫病是由于球虫寄生引起的以出血性肠炎为主要特征的鸡的寄生虫病，本病对养鸡业危害很大，特别是土鸡，发病可引起 30%～50% 的死亡。本病主要是由于鸡食入了含有球虫孢子的卵囊而感染，仅通过消化道感染。病鸡和携虫鸡是本病的传染源，该虫可以通过污染的器具、饮水、饲料及饲养员等中间媒介进行传染。

1. 临床症状

感染本病最重要的特征是病鸡排带血样粪便。寄生虫感染的症状表现为：初期精神委顿、采食减少、饮水增加、被毛蓬乱、间歇性下痢。后期逐渐消瘦、贫血、发育迟缓，成鸡产蛋下降。多数鸡于发病后 6~10 天死亡，3 月龄内的鸡死亡率 50%，3 月龄以上的病鸡多数转为慢性型。

2. 病理变化

球虫主要侵害盲肠，剖检可见盲肠肿大，肠内充满暗红色血液，盲肠上皮变厚，严重的肠内有干酪样坏死物，肠膜糜烂。

3. 诊断与防治

根据流行病学与临床症状可初步诊断，从粪便中检查出球虫卵可以确诊。可使用抗球虫药，如克球粉、地克珠利等，但要注意两种不同的药物需交叉使用。在土鸡的饲养过程中，可根据本场是否发生球虫病的实际情况，定期使用抗球虫药物。还可以使用促进肠道黏膜修复的药物，如维生素。市场上有疫苗可预防本病，但在未流行区不提倡使用。

鸡球虫病可以用中药预防和治疗，临床上常用的中药方剂有以下几种。

方 1：常山 500 克，柴胡 75 克，每只鸡每天用 1.5~2 克，煎汁饮水，连用 3 天。

方 2：血见愁 60 克，马齿苋 30 克，地锦草 30 克，凤尾草 30 克，车前草 15 克，每只鸡每天用 1.5~2 克，煎汁饮水，连用 3 天。

方 3：常山、柴胡、苦参、青蒿、地榆炭、白茅根各等量，每只鸡每天用 1.5~2 克，煎汁饮水，连用 5~8 天。

方 4：黄芩 370 克，土黄连、柴胡各 220 克，仙鹤草根、贯众各 150 克（均用鲜草），分别切成 2~3 厘米小段，加水 5 千克，煎至 3 千克，拌入料中，供 100 只雏鸡用，每天 1 剂，连用 3~5 天；不能采食的鸡可用滴管喂服煎汁，每天 3 次，每次 5 毫升。

方 5：常山 500 克，柴胡 75 克，加清水 5 升，煎汁。30 日龄鸡每天每只灌服 10 毫升，大群治疗可拌入饲料喂。

方 6：干仙鹤草 30 克，鲜旱莲草 10 克，水煎，另取鲜韭菜 150 克捣烂取汁，与上述药液混合，喂 1 000 只鸡，每天 2 次，连喂 3~5 天。

方 7：每 100 只鸡每天喂 250 克鲜韭菜，连喂 3 天。也可预防放养鸡得球虫病。

方8：1份大蒜加5份水共捣汁，用滴管滴入小鸡嘴里，每次3~5滴，每天3~4次，连服3天。

方9：每100只鸡取鲜仙鹤草350~500克、鲜委陵菜150~250克、鲜海蚌（含珠）250~400克，加水煎至药液700~1 000克，拌料喂服，或作饮水用。

方10：白头翁20克，苦参10克，黄连5克，加水1.5~2升，水煎，供100只雏鸡饮服，每天1次。

方11：常山60克，连翘、柴胡各40克，生石膏100克，每天1剂，煎水2次喂服100只60日龄的鸡。

（二）绦虫病

鸡绦虫病是由绦虫引起的以寄生小肠为主的寄生虫病。本病成虫寄生鸡体内，虫卵随粪便排泄到外界，在中间宿主（如蚂蚁、蝇等）体内发育2~3周成为似囊尾蚴，鸡吃了似囊尾蚴而感染。本病感染季节在中间宿主活跃的季节。

1. 临床症状

患病鸡和其他寄生虫病一样，精神不振、采食减少、被毛松乱、消瘦、发育不良等。

2. 病理变化

主要病变在小肠，内有大量恶臭的黏液，肠壁有出血点，严重的肠壁上有结节，结节内有黄褐色干酪样物。

3. 诊断与防治

剖检时发现虫卵即可确诊。治疗可用灭绦灵，每千克体重100~150毫克，一次内服。中药青蒿、槟榔、南瓜子、黄芪、苦参等对鸡的绦虫有很好的驱杀效果，可以试用。

（三）鸡虱病

羽虱主要寄生在鸡体表和羽毛深处，又叫蜘蛛昆虫，是一种永久性寄生虫，已发现40多种。羽虱主要靠咬食羽毛、皮屑和吸食血液而生存，因此患鸡表现羽毛断落，皮肤损伤，发痒，消瘦贫血，生长发育受阻，产蛋鸡产蛋下降，并降低对其他疾病的抵抗力。

1. 临床症状

鸡羽虱可引起鸡奇痒不安，鸡常啄自己皮肤。表现为精神骚动不安、采食减少、消瘦、贫血、发育不良。

2. 诊断

肉眼可见大量的鸡虱。

3. 防治

（1）保持环境清洁卫生 使用敌百虫、溴氰菊酯等药物对鸡舍地面、墙壁和棚架进行喷洒，杀灭环境中的羽虱。

（2）消灭体表羽虱 可用伊维菌素，按每千克体重 0.2 毫克拌料驱虫，间隔 10 天后再驱虫 1 次。同时用杀灭菊酯杀虫剂进行带鸡喷雾，每周 1 次，连用 3 周。

大群治疗时宜采用药浴法（仅限于夏季进行），方法是取 2.5% 溴氰菊酯或灭蝇灵 1 份，加温水 4 000 份，放入大缸或大盆中，将鸡体放入药液浸透体表羽毛。也可用上述药物进行环境灭虱。用药物灭虱时要注意管理，避免鸡群中毒。

（四）鸡螨病

螨又称疥癣虫，是寄生在鸡体表的一种寄生虫。对鸡危害较大的是鸡刺皮螨和突变膝螨。鸡螨大小 0.3~1 毫米，肉眼不易看清。鸡刺皮螨呈椭圆形，吸血后变为红色，故又叫红螨。当鸡严重感染时，贫血、消瘦、产蛋减少或发育迟滞。雏鸡严重失血时可造成死亡；突变膝螨又称鳞足螨，其全部生活史都在鸡身上完成。成虫在鸡脚皮下穿行并产卵，幼虫蜕化发育为成虫，藏于皮肤鳞片下面，引起炎症。腿上先起鳞片，随后皮肤增生、粗糙，并发生裂缝。有渗出物流出，干燥后形成灰白色痂皮，如同涂上一层石灰，故又叫石灰脚病。若不及时治疗，可引起关节炎、趾骨坏死，影响生长和产蛋。

防治：一是应搞好环境卫生，定期消毒环境，以杀死鸡螨；二是大群发生刺皮螨后，可用 20% 的杀灭菊酯乳油剂稀释 4 000 倍，或 0.25% 敌敌畏溶液对鸡体喷雾，但应注意防止中毒。环境可用 0.5% 敌敌畏喷洒。对于感染膝螨的患鸡，可用 0.03% 蝇毒磷或 20% 杀灭菊酯乳油剂 2 000 倍稀释液药浴或喷雾治疗，间隔 7 天，再重复 1 次。大群治疗可用 0.1% 敌百虫溶液，浸泡患鸡脚、腿 4~5 分钟，效果较好。

（五）鸡蛔虫病

鸡蛔虫病是鸡常见的一种线虫病，是鸡蛔虫（鸡线虫最大的一种，虫体黄白色，像豆芽菜的茎秆，雌虫大于雄虫。虫卵椭圆形，深灰色。对外界因素和消毒药抵抗力很强，但在阳光直射、沸水处理和粪便堆沤等情况下，可使之迅速死亡）寄生于小肠内所引起的，多发于3月龄左右的鸡。一般无特殊症状，只是表现生长缓慢，发育不良，贫血、消瘦，不易引起注意。大群饲养可以引起死亡。

1. 发病情况

蛔虫虫卵随粪便排出，在外界环境经10~12天发育成侵袭性虫卵。这种含有幼虫、具有致病力的虫卵污染饲料、饮水，被鸡吃入后，在鸡体内经35~50天又发育成成虫。

3月龄以内的鸡最具感染性，放养鸡发病率更高。超过3月龄的鸡较少发病，但可带虫。

2. 临床症状

感染鸡生长不良、精神萎靡、行动迟缓、羽毛松乱、贫血、食欲减退、异食、腹泻，粪中往往有蛔虫排出。

剖检，小肠内见有许多淡黄色豆芽梗样线虫，长50~100毫米。粪便检查，可见到蛔虫卵。

3. 防治

驱蛔灵、驱虫净、左旋咪唑等都有效。及时清除积粪，清洗消毒饮水器和料槽；4月龄以内的鸡，要与成年鸡分开饲养，定时驱虫。

四、普通病

（一）啄癖

啄癖也叫异食癖、恶食癖、互啄癖，是啄羽癖、啄肉癖、啄肛癖、啄蛋癖、异食癖的总称，是指不同日龄不同品种的鸡在缺乏某种营养物质或者机体代谢发生障碍时，发生的味觉异常综合征。通常情况下，由于放养土鸡场地宽敞，饲养密度不大，一般不会发生啄癖症，但是如果放养场地缺乏某种营养素，则很容易发生这种疾病。

1. 发病原因

（1）鸡的品种习性 啄是鸡的本性，不同品种的鸡发生啄癖的几率不同，土鸡更容易发生。鸡只早熟时也容易发生。

（2）饲料营养因素　营养因素是引起鸡发生啄癖的主要原因，饲料配方不合理或者操作时配合不当，土鸡补料不足，饲料营养比例失调特别是钙磷比例，或者饲料中缺乏必需的氨基酸、维生素、微量元素，特别是缺乏硫、矿物质、食盐等等。

（3）饲养管理不当　土鸡育雏时发生啄癖，主要原因是舍温过高或者湿度过大、通风不良，光照太强，饲养面积较小，鸡只过于拥挤或者密度大，鸡只缺乏足够的运动场，料位和水位不足，或者水槽料槽摆放不合理等，放养土鸡日粮供应不足或者补饲时间不规律，有时也可发生啄癖。

（4）发生其他疾病　当发生寄生虫病时，如球虫或者体外寄生虫，鸡只可发生啄羽、啄肛；引起鸡只下痢的疾病和影响营养吸收的病变也容易引起啄癖，如大肠杆菌病、慢性肠炎等。

（5）其他诱发因素　鸡天生对红色比较敏感，当鸡只发生机械性损伤、皮肤外伤出血或者母鸡输卵管脱垂等情况时往往诱发啄食癖。

2. 临床症状

根据鸡只互啄的部位不同，可以分为啄羽、啄肛、啄趾、啄蛋。其中以啄肛最为多见，主要表现为互相攻击，造成伤害，当放养土鸡群中出现输卵管脱垂或者泄殖腔炎症时，一旦发生啄癖，很快蔓延全群，全群的鸡都来啄食这只鸡，往往当管理者发现时受伤鸡只已经被啄食完内脏，只留下空壳。当鸡只换羽毛时，若发生啄羽癖，有的鸡只被啄去尾羽、背羽，几乎成为"秃鸡"或被啄得鲜血淋淋。

3. 诊断与防治

根据临床表现即可以确诊。针对发病原因采取相应措施。

（1）断喙、戴鸡眼罩　本书第五章已述。

（2）科学配合日粮并补充　放养鸡在放养过程中，一定要给予补充全价日粮。在日粮配制时，不但应该按照科学配方进行配合，而且还要考虑操作过程中容易损失的物质，特别是一些重要的氨基酸（如赖氨酸等）、维生素和微量元素等。生产实践证明，在日粮中添加10%～20%的这些物质可减少啄癖的发生。还可以增加粗纤维并调节好钙磷比例。啄羽癖可能是由于饲料中硫化物和食盐不足引起的，可以在饲料中适当补充硫化钙粉或者羽毛粉，在日粮中可加入 2%~3%的羽毛粉；可在日粮中短期添加 1.5%~2%的食盐，连续 3~4 天，但不能长期饲喂，避免引起食盐中毒。

（3）定期驱虫　主要是定期驱体内外寄生虫，包括球虫和鸡虱。

（4）及时挑出被啄食的鸡单独饲养或者淘汰　鸡群一旦发现有被啄食的鸡，应立即将被啄的鸡只挑出单独饲养或淘汰。有外伤、脱肛的鸡应及时隔离饲养和治疗，在被啄伤口上涂上与其毛色一致和有异味的消毒药膏及药液，切忌涂红药水，可以涂紫药水、磺胺软膏等。

（5）加强土鸡育雏期的饲养管理，搞好养殖环境的控制　育雏阶段，保持足够的料位、水位，定时定量饲喂，保持正常密度。环境控制方面要保持鸡舍温度、湿度、通风正常，适宜光照等。

（二）中毒病

1. 发病原因

（1）采食的饲料含有毒物质　天然饲粮或者补充料中存在引起机体发生中毒的物质。如果园、林地、草地等喷施过农药，鸡采食了被农药污染的青草、草籽；或采食了含有黄曲霉菌或者其毒素的饲料，或者棉籽饼、菜籽饼脱毒不良而引起的中毒等。

（2）添加的营养物质过量　有些营养物质鸡可以及时排泄，但有些营养物质过量会导致中毒，特别是微量元素（如锌、铜等）。

（3）添加药物或者添加剂不合理　在进行疾病治疗的过程中，假如拌料会由于搅拌不匀，或者添加过量引起鸡的中毒病。比如喹乙醇是一种促生长抑菌的药物，会由于饲料中添加量过大、混合不均匀、饲喂时间过长等引起中毒（喹乙醇具有明显的蓄积毒性，已被禁用于饲料添加剂促生长）。

（4）食盐中毒　常见的中毒是由于鱼粉中含过量的盐导致中毒，饲料中含盐量一般是 0.3%，不应该超过 0.5%。

2. 临床症状

一般中毒后，都会导致精神不振、采食减少、下痢等常见中毒症状。不同的中毒症状表现也略有不同，要根据实际情况进行判断。

3. 诊断与防治

根据临床症状和病理变化，可作出初步诊断。必要时可送饲料进行实验室化验，最终达到确诊。确诊后立即停喂引起中毒的饲料，并采取对症治疗，一般是采取保护肝脏和促进肾脏排泄、增强机体抵抗力等措施。如在饮水中补充6%～8%的蔗糖或3%～4%的葡萄糖，供病鸡自由饮用，同时加入2倍以上的复合维生素。

（三）惊恐病

1. 发病原因

与土鸡自然放养有极大关系。如鸡群密度过大、天气原因（雷暴、闪电等）、天敌的侵害，或人为的驱赶、捕捉等，再加上饲料中缺乏维生素 B_1 和烟酸，蛋白质供应不足都易引起本病的发生。

2. 临床症状

本病多为突然发作，初期只有少数鸡表现为神经过敏，乱飞或无目的地乱跑，遇到障碍物或饲养员时紧张，并时有"咯咯"惊叫，呈现恐惧和烦躁不安状态。很快病鸡逐渐增多，波及全群，此时极易惊群。当整群鸡惊恐时，鸡只乱飞、乱撞，挤压扎堆，导致撞伤、挤伤，甚至死亡。

3. 防治

消除致鸡群受惊扰的各种应激因子，优化饲养环境，保持合理的饲养密度，避免环境骤变。此外，饲料中补充适量的烟酸及维生素 B_1（各15～20毫克/千克饲料）、维生素 C 0.1～0.2克/千克饲料。

（四）中暑

中暑是日射病和热射病的总称。鸡在烈日下暴晒，使头部血管扩张而引起脑及脑膜急性充血，导致中枢神经系统机能障碍称为日射病。鸡在闷热环境中因机体散热困难而造成体内过热，引起中枢神经系统、循环系统和呼吸系统机能障碍称为热射病，又称热衰竭。本病多见于酷暑炎热季节，特别是大规模密集型笼养鸡容易发生。

1. 症状

处于中暑状态的鸡，主要表现为张口呼吸，而且呼吸困难，部分鸡喉内发出明显的呼噜声，采食量下降，部分鸡绝食，饮水大幅增加，精神萎靡，活动减少，部分鸡卧于树底，鸡冠发绀，体温高达45℃以上。

2. 防治

（1）科学选址　在选择放养场地时要充分考虑防暑工作，最好选择在草多林茂的山坡放养鸡群，利用树林遮挡炎热的阳光。

（2）加强饲养管理　夏季是鸡群中暑的高发期，平时应注意保证有足够的清洁饮水；尽可能避免在气温较高时进行追赶鸡群和捉鸡等容易引起鸡热应激的行为，保持鸡群的安静；调整饲料配方，降低日粮的能量，提高蛋白质含量，并根据鸡在野外的觅食情况适当补饲青饲料。

（3）适当使用防暑药物　常用的鸡群防暑药物有碳酸氢钠、氯化铵等西药和鱼腥草、夏枯草等中草药。天气炎热时，可在鸡的饮水中添加 0.2% ~ 0.5% 碳酸氢钠或 0.5% ~ 0.7% 氯化铵，也可添加0.08% 维生素 C；定期上山采摘鱼腥草、夏枯草或拾西瓜皮让鸡自由啄食。防止鸡群中暑主要靠预防，一旦发生中暑，应迅速将鸡群移到阴凉通风处，每只病鸡灌服十滴水 1~2 滴，全群鸡饮服 1% 碳酸氢钠和 1% 维生素 C 溶液。

参考文献

[1] 朱国生，石传林．土鸡饲养技术指南［M］．北京：中国农业大学出版社，2010．

[2] 魏刚才，乔凤杰．果园林地生态养鸡［M］．北京：机械工业出版社，2014．

[3] 魏清宇，闫益波，李连任．农家生态养土鸡技术［M］．北京：化学工业出版社，2013．

[4] 陈宗刚．果园林地散养土鸡你问我答［M］．北京：机械工业出版社，2015．

[5] 魏刚才，张遂平．高效养土鸡［M］．北京：机械工业出版社，2014．